角色心理学

· 掌握五种角色的奥秘 ·

[日] 山本美穗子 著　和雪梅 译

古吴轩出版社

图书在版编目（CIP）数据

　角色心理学 ／（日）山本美穗子著；和雪梅译. --
苏州：古吴轩出版社，2021.7
　ISBN 978-7-5546-1775-5

　Ⅰ．①角… Ⅱ．①山… ②和… Ⅲ．①心理学-通俗
读物 Ⅳ．①B84-49

中国版本图书馆CIP数据核字（2021）第144100号

责任编辑：俞　都
见习编辑：万海娟
特约策划：杨莹莹
特约编辑：闫　静
内文排版：宋可心
装帧设计：天下书装

书　　名：**角色心理学**
著　　者：[日]山本美穗子
译　　者：和雪梅
出版发行：古吴轩出版社
　　　　　地址：苏州市八达街118号苏州新闻大厦30F　邮编：215123
　　　　　电话：0512-65233679　　　　　传真：0512-65220750
出 版 人：尹剑峰
印　　刷：众鑫旺（天津）印务有限公司
开　　本：880×1230　　1/32
印　　张：5.5
字　　数：110千字
版　　次：2021年7月第1版　　第1次印刷
书　　号：ISBN 978-7-5546-1775-5
著作合同
登 记 号：图字10-2021-356号
定　　价：42.00元

如有印装质量问题，请与印刷厂联系。022-68722906

生活难、心情差，都是有原因的

"我的人生为什么会这么不美好呢？"

"为何我总是这样一成不变？"

拥有这些烦恼的人，大家应该都见过吧。

每天都会感到生活艰难，但他们不理解生活艰难的原因。他们认为自己生活在黑暗里，对自己生活的意义感到苦恼。这样的人并不少见。

我曾经也像他们一样，每天抱着这样的心态。

无论怎么努力，看到和听到的永远都是负面和悲观的信息。我所认识的世界，一直充满着争端与不幸，与安宁和幸福毫不沾边。

可即便如此，我也知道，无论如何，我也要治愈自己。基于这样的想法，我把目光投向了海外。在那之前，为了达到治愈的目的，我读过很多书，但真正对我的心灵产生影响的，还是精神方面的书籍。

之后，我从一个朋友那里借了大约二十本书，其中有一本书是曾为NASA（美国国家航空航天局）科学家、现为精神治疗师的芭芭拉·布伦南（Barbara Brennan）女士所写的。这是我与她的第一次相遇。

那个时候我已经下定决心，一定要学习布伦南女士的"布伦南式治疗法"。由此，我开始接触人格心理学的概念。

人格心理学以荣格、弗洛伊德为源头，是欧美心理学的根基。人格心理学中的一个重要主题就是心理创伤。

弗洛伊德的弟子赖希，在发展弗洛伊德的研究理论的过程中发现，个体在儿时与他人之间的非言语形式的交流中，就存在最原始的心理创伤。而且他认为，治愈这种创伤对一个人来说是非常重要的。

这种有关创伤的主张，正是来源于人格心理学，很多分支学派由此出现，人格心理学的概念也得以确立。另外，在欧美国家，人格心理学也产生了多种心理咨询和心理治疗的方法。（我后来才知道，日本在二十世纪八十年代才引入这个概念，而且引入时没有丝毫的理论基础，之后日本的心理学便开始向统计学转移。）

通过角色心理学，我了解了"真正的自己"

现在我就向大家解释一下，人格心理学是怎样塑造人格，怎样帮助人们认识世界的。

具体来说，人格心理学认为，一个人从出生到其五六岁，是一个初期发展阶段，在这个阶段所受的心理创伤会影响一个人的一生。

也就是说，你对于外界的刺激，是怎样反应的呢？是接受还是抵抗？你针对内心纠葛的产生原因，在不同的年龄段又使用了什么样的防御手段呢？对于这些产生心理创伤的事件，不同的面对方式，会引发人们对性格、思维、思考习惯、肉体、生老病死、精力分配等方面不同的处理方法。对于这些不同，角色心理学有着很清晰的分类。

在小时候，我受到过父母的虐待，长大之后，又在恋爱、工作、结婚的过程中，面对过很多艰难的局面，也有很多心情低落的时期。因此，当我学到布伦南女士的人格心理学之后，对其深感兴趣，由此开始了对这门学问的研究。

自从我成为心理治疗师之后，我便开始关注相关分类的微妙差异，这些分类是因我们与欧美国家的国民之间生活方式的差别所产生的。我在做咨询和治疗期间，保留了约两万名客户的治疗记录，然后以此为基础，以独有的视点加以分析和提取，打造了一套适合我们的角色心理学。

这就是本书要介绍的角色心理学。读者可通过五种角色来理解自己的深层心理，发现真正的自己，得到让人生快速迎来转机的治疗方案。

　　我希望，我在前半生所学到的知识，以及本书的内容，能够对大家有所帮助。

山本美穗子

Contents 目录

第3章　不同角色的创伤治愈方式

第4章　针对"无论如何都不会变好"的处方

第 1 章

角色心理学是什么

生活难，是因为过去的记忆在现实中反复出现

在学校或职场中，人们总是会感觉自己无法融入某个群体中，或是心里很讨厌自己，或是不知道该跟别人说些什么……在我看来，每个人都会有心情低落、不知该如何行动的体验。

在这个时候，你的外在自己（平时与他人相处交流时的自己）总是与从胎儿到五六岁时期让你心情低落的糟糕回忆产生联系。而且，在长大成人之后，这种记忆总会在现实中被自己再创造。

我们在采取行动时，必然会联系过去的记忆进行判断。比如，有人曾因为吃红蘑菇而吃坏了肚子，那么下次他见到红色的食物时，就会认为它是危险的东西。这是人类为了生存所必需的能力。

但是，当过去的消极记忆或自己未能解决的事件，在自己的现实生活中反复出现时，人们就会将自己的过去带入现实。

也就是说，这使人们无法认识到，现在发生的事情与之前的事是不同的。由于人们总是基于过去的记忆开展行动，现实的世界在他们眼中必然会变得消极。

　　如果学校或职场里的人，总是基于过去的记忆，像孩子一样采取一些幼稚的做法，行事就会变得异常混乱。

　　我始终相信，当下的人才是最真实的。为了消解心中的苦闷，**看清现实与自己所误解的过去之间的区别，**是非常重要的。

　　不过，如果无法深度回顾自己的过去，我们依然无法发现自己对现实与过去的误解。而且，记忆中的感觉与反应越强烈，我们就越难以分清过去与现实。

　　比如，对于一些在孩童时期有过溺水经历的人来说，他们对水的恐惧非常强烈。当去海边或游泳馆之类的游泳场所时，他们会认为自己不会游泳，并因过去的记忆而感到肌肉紧张或动作迟缓。因此，他们不会放松，也不会去热身，进而产生自己会再次溺水的感觉。相对于之前，他们对水的恐惧会增加，进入恶性循环。

　　有些事情或许并没有这么严重。假设某个人在小时候，因为吃到酸的东西而体会过那种酸掉牙的感觉，那么以后他再见到酸的东西，基本会非常抗拒。

很多人都是基于过去的记忆来认识现实

　　如果我们把日常的行为与过去的体验联系起来进行理解的话，我们就会失去对事情的控制。这样一来，我们在生活中就成了记忆的奴隶。

"不想到水里去""不想吃酸的东西"……从个人角度来说，讨厌某些东西并没有什么不对，如果我们能理解"为什么不喜欢"的话，不仅能够使自己认识到"不喜欢"这个事实，还可能会在此基础上感觉到：这一次可能会跟以前不一样。由此，我们或许就会得到和以前完全不一样的体验了。

但如果我们对不喜欢的原因没有兴趣，不想去理解，那么无数可以改变人生的机会就被我们错过了。

改变想法这种表面措施是没有意义的

读到这里，很多人可能会想：也就是说，只要我改变一下自己的想法就可以了。确实，吸引力法则非常有名，但世界上还有很多关于改变认识和看法的方法。

因此，对待某件事，虽然很多人的第一想法是"no"，但是基于"我不能有任何消极观点，必须给予积极看法"的想法，人们会强迫自己表现出对自身的拒绝感。不仅如此，针对前面的游泳的例子，有些人会认为自己会游泳，然后挑战自己。可是，这种强行向反方向行进的做法，会在身体与思维之间产生不平衡感，并使现实状况更加混乱。

而且，如果这样欺骗自己的大脑，由于我们在细胞层面依然拥有记忆，就算是强迫不擅长游泳的自己产生会游泳的意识，我们也只是在姿势、动作、体形等方面做做样子，并没有实现根本性的变化。

与此相反，真正的改变，是一个人在动作、姿势，甚至是在认识上所表现出的自然的变化。这种变化是全面的，包括表面的改变和给予他人的印象的改变。

要治愈自己，实现真正的变化，我们需要同时对脑中的错误认识和细胞的记忆进行改变。

不可否认，认识确实很重要，但没有对自己进行探求的认识是没有意义的。所谓对自己进行探求，就是认识到自己的错误是造成不理想现实的根源，为了改变这种不理想的状况而去意识到这一点，这是很重要的。

存在于自我探求中的自我认识，一定是与自我改变相关联的。

误解胎儿到少年时期心理创伤产生的原因

人们之所以会对自身和现实产生不当认识，是由于胎儿到少年时期的经验和所遭受的心理创伤。为什么有些事情连自己都没有什么印象了，却依旧可以对现在造成很大的影响呢？对此，我来向大家说明一下。

人不是一出生就能自由活动的。其他的动物在出生时基本都能依靠自己站立起来，而我们人类在出生后的一段时间内，却需要别人的帮助。

虽然婴儿什么都不会做，但也绝非什么都感觉不到。婴儿的视觉和听觉的确不发达，身体不能自由活动，但正因如此，他们的感觉异常灵敏。

不过婴儿自身的不愉快不会被表现出来。就算他们想要表现，年轻的妈妈也不会领会其意图。婴儿为什么会哭，为什么会笑，为什么会有所不满？父母们对这些问题都不怎么理解。而这正是婴儿们内心深层矛盾的产生原因。感觉到父母无法理解自身情感与诉求的婴儿，只能把自己的情感压制下来，长时间的积累就形成了心理创伤。

婴儿比我们想象中的要更细心、更敏感，他们对所有事物都持开放态度。因此，在很多事件发生时，他们对现实的误解和因此压抑的情感，都会进行积累，并隐藏在心中。

内心是人最柔软的地方，从爱到恨，隐藏着上百万种感情。因此我们要知道，人们能感觉到的情感不只有爱和恨两种，这一点对自我治愈是非常有用处的。

爱也会造成心理创伤

这里介绍一个我所知道的在儿时遭受心理创伤的例子。

我有一位刚刚生完孩子的朋友。她总是一边对孩子说话，一边给孩子哺乳。我问她为什么要这么做，她说她一直这样。我想，就算是一些育儿书也会告诫父母不要这样做吧。

婴儿在吃奶的时候，总会发出"吱吱"的吃奶声。这时，母亲就会觉得孩子似乎在对自己说些什么，然后与其进行交流，但是此时婴儿依旧只能发出吃奶的声音。我对她说："如果孩子一边吃奶一边与母亲交流，孩子会因为无法表达而感到不满。"

母亲爱孩子，是感情的自然流露，但是在此种情况下，孩子会觉得母亲不理解自己，会因此受到心理创伤。

在成长的过程中，人们会遇到很多自己无论如何都办不到的事情。这期间，我们有必要去了解为什么我们做不到，并去接受做不到这个事实。做到这一点，我们就会开始认识到"原来现实世界就是如此"，进而对现实世界产生包容。

在对现实世界产生包容之前，如果人们心灵的成长就停止的话，在此之后，哪怕再过十年，人们对同一类事物依然会有着同样的反应。

也就是说，如果在婴幼儿时期，一个人无法接受自己的话无法传达给他人的创伤，那么在长大后，他就会把自己的话无法传达给他人当作一种现实。这种绝望感，会与自我否定产生联系。

当然，造成孩子遭受心理创伤的原因，绝不只有在哺乳时才会产生。

孩子在摇摇晃晃地自己走路的时候，如果前方有墙壁，他的父母会马上把他抱起来，帮助他改变方向。这种行动，我想很多父母都会采取，毕竟这是善意的。

如果在这个时候阻止的话，孩子就会在自己向目的地行进的过程中产生一种迷茫感，同时也会对自己到底在做什么、自己到底在朝着什么地方前进产生怀疑，进而感到目标缺失。

如此反复下去，**孩子长大后在做某件事时，也会在其过程中丢失目标，并对自己所做的事情变得越发不理解。**

伤害=创伤，这种想法一直在影响着人们

孩子在很小的时候，会反复有一种不知道自己在做什么，以及事情无法像自己想象的那样去发展的感觉，这种感觉的产生便是心理创伤。由此，人们会远离一个拥有**本质**的自己，这便是角色心理学对**伤害**的定义。

提到心理创伤，多数人会认为这是一种在严重事件发生时人们所受到的急性心理创伤。而在角色心理学中，这只是两种创伤中的一种，另外一种则是在日常生活中积累出的慢性心理创伤。

即使你发现自己拥有某种情感并将其发泄，你心里的创伤也不会因此消失。因而，我们有必要完整地感受我们的情感，并认真地去思考。

这种事情并不像大家想的那样，发现自己的心理创伤，然后就会自愈。对于我们的心理创伤，我们必须长期地、多角度地持续治疗。而且，在治疗的时候，我们一定要避免自己单独治疗。这一点我会在后面详细叙述。心理创伤常常是由于对于与他人之间的关系的误解而产生的，因而我们的治疗过程一定要在与他人

的正确的关系中展开。

现在我再来谈一下我之前提到的那个朋友。

那位母亲依旧会在孩子吃奶的时候跟他说话，但某些时候，孩子的嘴会突然离开母亲的乳头，然后看着母亲，一脸高兴的样子，似乎明白了她在说什么。这时，孩子便对她与母亲之间的关系产生了包容。

人们不会无创伤地成长

那么，创伤对人的成长一定是有负面作用的吗？

人们会对意料之外的现实感到无所适从，也会感到不理解，这种感觉，会时刻处在人们紧张的身体里。在这一瞬间，人们所见到的风景（不管室内或室外、有人或没人）、见到的人（不管是男是女）、天气好坏、气味或气氛等，所有的详细信息都会被人们记住，深入人们的大脑。

而且，在人们能够包容它们之前，那种不理解现实的感觉会将相关的记忆在现实中进行假设，从而让我们回忆起所受的心理创伤。

也就是说，在我们能够分辨虚假与真实，将身体与细胞的感觉从那些事件中解放出来之前，我们会不断进行假设。

但是，这些心理创伤对我们的成长是有着很大作用的。

对于一些在儿时无法理解和接受的事情，长大后，我们会以一个更大、更高级的视角来审视它，就像我们现在会理解父母的某些行为是出于爱一样。这样一来，我们的意识就会发生变化。

同时，我们可以因此面对更大的现实，拥有更广的视角，了解更深的世界，由此帮助自身实现成长。换句话说，为了成长，我们必须理解并超越我们的心理创伤。

正确认识创伤，就会正确认识人生

　　人们并没有注意到，自己总是在以过去受到创伤的视角，也就是以孩子的视角来看待某件事。当与过去的创伤相似的事件发生时，那一瞬间，我们会不自觉地以孩子的视角来看待现实。然后，我们就会想：为什么我的人生总是这样？为什么要这样活着？为什么心情又变得不好？为什么总是失败？……各种负面印象产生之后，我们就会对自身失去信心。

　　一旦自信缺失，我们面对现实就会变得与一直受伤的儿时一模一样，进而无法面对自己当下的人生，被其他人或事所支配，并因为事情无法如愿而对某件事感到力不从心。

与身体相同，心灵的成长也是分阶段的

　　为了心理成长，我们要准确理解成长的阶段。

　　我希望大家能够意识到，幼年时期的我们，都是基于我们的内部来看待外部世界的。

　　在胎儿时期和刚出生的那段时间里，我们可以感知内心的活动，由此来观察世界，并对外部的每一个事物都产生不可思议的

感觉。

那个时候，世界上的所有事物对于自己来说，都是不可思议的。

为什么窗外的树叶会摆动？

为什么那东西（后来我们知道那是鸟）会在天上飞？

为什么眼前我最爱的人会变得如此愤怒，或如此悲伤？

这些原因我们都不了解，然后就会因此感到混乱。

在我们小的时候，我们唯一能做的就是接受外部世界的事物。然后，我们会成长到可以将内部信息传达给他人的阶段，再到可以在自身与外部世界之间架起桥梁的阶段。

再往后，我们就可以了解自身的言行对外部世界和人的接受方式，以及其应对方式，还能够感知我们的内心产生了何种感觉。

也就是说，我们会接受来自外部的反应（这是一种自身行为所产生的结果），并由此认识到，我们的言行会使外界产生一定的结果并得到反馈，这就是我们的经验。

当我们能够将自身的经验向外部世界进行表达的时候，内部世界与外部世界便产生了联系。

这种内外世界产生联系并在此期间学习经验的过程，是心灵成长所必需的。

长大意味着自己的世界扩大了

我们总是无法实现理想的心灵成长，总是以孩子的视角来看待世界。就像我在前面所说的，这是人们感到生活艰难的原因。

人们或许会感叹，明明身体已经变成了大人，为什么意识还停留在儿时？为什么成年人也会如此不成熟？

大家现在是否理解长大意味着什么，以及成熟到底是一种怎样的状态呢？实际上，我们对此一直没有一个明确的概念。

我们经常把身体生长、去学校学习、进入社会、承担责任等当作长大，这种概念在我们艰难的生活中一直伴随着我们。

长大本来的意义是自己的世界得到扩大的状态，这和那种仿佛在牢笼中闭锁自己的状态截然不同。

随着年龄的增长，我们的世界也在扩大。

最开始的时候，我们只能被父母抱着；到后来，我们可以在家中自由行动；再往后，我们上了幼儿园，有了自己的世界；上了小学之后，我们又会有很多之前不认识的朋友；中学亦是如此。就这样，我们得以接触和感知这个世界。

而我们在学校里学到的某种环境下的处事方式，会成为我们身体的一部分，并在进入社会后继续实践（在这个时候，我们已经没有了童年时代的"牢笼"！）。

进入社会后，我们理应意识到，我们应该从学校的围墙（即被限制在内部的世界）和通用的规则中解放出来。在有限的学校世界里，我们的重点是适应学校生活，而心理成长根本没有得到重视。

但是，我们依然使用在学校里习得的方式和儿时的习惯来工作和生活。也就是说，这种不协调感就是我们的心理还像孩子那般很不成熟，因而我们总会感觉我们的生活缺少了一些重要的东西。

总是失败？那是防御机制在作祟

我们已经从学校的束缚中解放了出来，但我们为什么还要给自己设置一些墙壁呢？接下来，我就针对这一点进行说明。在角色心理学中，我们把这称为防御机制。

人是一种在与他人之间的关系当中了解自己、发现误区，并治疗创伤的生物。但我们总是会给自己贴上"我就是这样"的标签，认为某件事对于自己来说是不可能的，并被这样的想法所封闭。这种思考方式就是将自己与他人分割开来的墙壁，也就是前面所说的防御机制。

我们分析了五种防御机制，然后得到了一种复合型的心理习惯。由于这种心理习惯，一种思考模式、行为模式，或者生活模式持续得越久，一个人未来的状态、患的疾病，以及生活中发生的事件（或者不会发生的事件）就越固定。

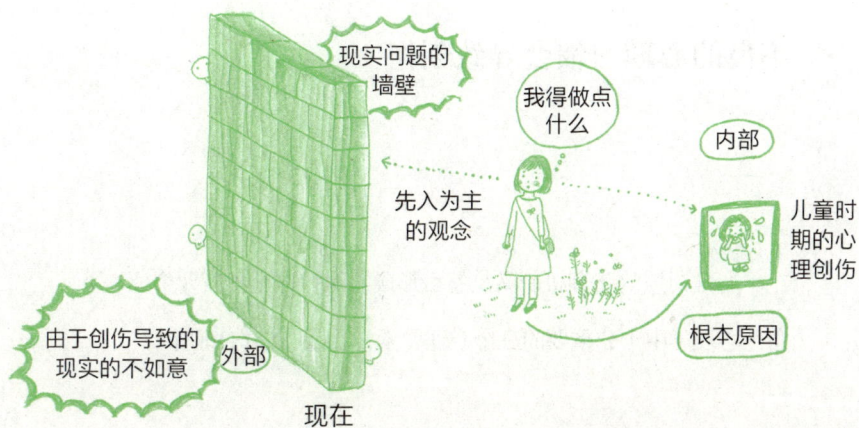

· 由于曾经受到的伤害，我们总会关注同样的问题。

· 创伤消失之前，与该创伤相关的问题会持续发生。

· 直面与现在的问题和烦恼相关的创伤才是最重要的！

不良的心理习惯会导致创伤

心理习惯的防御机制又是怎么形成的呢？这里我就要介绍一下角色心理学中十分重要的三个心理要素：诱因、创伤和防御。

诱因激起你的情绪反应

诱因就相当于扳机，它可以激起情绪反应。

情绪反应与感情是不同的，感情是伴随感觉、思想和行为而出现的主观体验和感受，而情绪反应（Emotional Reaction）是指植物性神经系统的一系列反应。

情绪反应既有平时我们常见的兴奋、愤怒、悲伤等，也有否定、歪曲现实并将情绪转嫁至其他事物上的思考性情绪反应（Reason Emotional Reaction）。

情绪反应在感情产生波动的同时发生，因此，绝大多数人能够感受到的不是感情，而是情绪反应，并且他们无法触及能够治疗创伤的真正感情。这样导致的结果就是，人们总会不断地假设之前发生过的事。

真正的感情和情绪反应比较难区分，但真正的感情是可以快速消化的，其消化的时间一般不超过一分钟。即便是一些比较过激的感情，比如因失去爱的人而造成的悲伤，或者因天灾导致自己失去一切而造成的愤怒，这些感情消化起来也最多不超过五分钟。

因此，一些感情，诸如生气、痛苦、悲伤等，如果持续超过十分钟，这就是情绪反应。此外，我们应该记住，**出于情绪反应的行动都是不太好的**。

创伤藏在诱因里

在引发情绪反应的诱因中，**隐藏着我们需要治愈的创伤**。当诱因真正影响到我们的时候，一些不如意的事情就会发生。

我们会对某些事物产生动摇，感到强烈的愤怒，陷入沉思，某人不在身边就感到难以自保……导致我们表现出这些强烈的情绪反应的，就是诱因。

当出现这种状态时，我们要认识到，我们被某些诱因刺激到了。在平时的生活中，如果因意外而内心产生激烈的反应时，我们能想到这是受到儿时心理创伤的刺激，是被诱因所影响，这样的话，我们就有可能正确应对它们。

防御机制由创伤和诱因支配

我们只会感知我们知道的事物，也会对我们熟悉的东西产生关注。导致人们回忆起创伤的人、气味、氛围，以及其他一切与创伤有关的事物都会成为诱因（扳机）（①）。

一旦诱因被触发，就会产生情绪反应（②）。

情绪反应是因一个人无法接受自己的真实感情而引发的反应。情绪反应有两种状态：一种是应激的状态（情绪性的感情反应）；还有一种是考虑到是非曲直，将歪曲的现实当成正常的状态（思考性情绪反应）。

然后是瞬间发生的判断，这个会在后面详细说明（③）。

也就是说，我们平时会想的"应该这样做""应该那样做""自己做错了"等等，都是我们对现实中未发生之事的随性判断。而引发这种不良心理习惯的一连串事件，在角色心理学上被称作防御机制。

而且，在这种防御机制之下，存在着儿时所受的创伤（④），还有一些时不时会想起来的儿时的事件，以及很多熟悉的感觉。

如果能够意识到这种创伤，我们就可以进行下一步——选择。我们可以选取一个适合自己的支持方式，抛弃之前习惯性的选择，去拥有一种前所未有的体验。

但是很少有人知道，有些创伤自己曾经经历过。由于目前并不记得，因此当诱因被触发的时候，很多人不知道该怎么做。

在受情绪反应影响而采取行动（诸如大哭、生气）之后，回到了安定状态，人们依然有可能因同样的诱因而再次产生情绪反应。

　　这就是负防御机制。不治愈创伤的话，人们便无法从这种负循环中解脱出来。

要治愈心理创伤，就要了解创伤

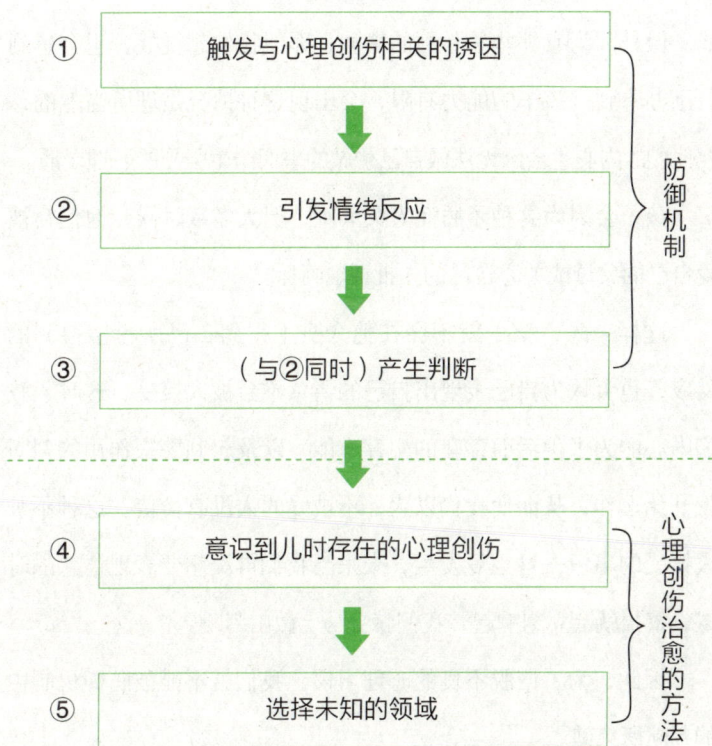

① ┌─────────────────────┐
　 │ 触发与心理创伤相关的诱因 │ ┐
　 └─────────────────────┘ │
　　　　　　　　↓　　　　　　　 │
② ┌─────────────────────┐ │ 防
　 │   引发情绪反应   │ ├─ 御
　 └─────────────────────┘ │ 机
　　　　　　　　↓　　　　　　　 │ 制
③ ┌─────────────────────┐ │
　 │   （与②同时）产生判断   │ ┘
　 └─────────────────────┘

　　　　　　　　↓

④ ┌─────────────────────┐ ┐ 心
　 │   意识到儿时存在的心理创伤 │ │ 理
　 └─────────────────────┘ │ 创
　　　　　　　　↓　　　　　　　 ├─ 伤
⑤ ┌─────────────────────┐ │ 治
　 │   选择未知的领域   │ │ 愈
　 └─────────────────────┘ ┘ 的
　　　　　　　　　　　　　　　　　 方
　　　　　　　　　　　　　　　　　 法

使你深陷防御的判断陷阱

　　就像我在前面说的那样，被诱因触发的情绪反应出现之后，我们接下来就要进行判断。

这里的判断是指擅自强行假设现实中没有发生的事，是一种错误的判断。

判断的产生也与心理创伤有关系。

我们在刚出生的时候，基于强烈的好奇心，会做出很多挑战。但是因为有那些看不到的墙壁，即便我们想挑战，也会感到自己办不到。孩子的能力有限，会出现这种情况是理所当然的，但他们的内心也会因无法做自己想做的事而产生强烈的心理矛盾。

孩子会因为这种矛盾而大哭大闹，但大多数时候，他们会被爱自己的父母或关心自己的人批评、呵斥。

这样一来，孩子就不会在他人身上得到自己所希望得到的反应，也会认为自己表现出自己的情感不会被人接受。这时，我们内心的为了生活而存在的生存本能，以及起到警报作用的判断就开始运作，从而使我们以为，不被爱的人没有价值。这种不被人接受的事情一旦重复发生，未来当我们再次想要表现情感的时候，警报就会立刻响起，我们就会马上做出判断。

因此，为了摆脱不良的心理习惯，我们就不能被防御机制中的判断所束缚。

真正的自己隐藏在更深的地方

我在前面说过，角色心理学的目的，就是要帮助人们治疗心理创伤（这是心理习惯，即防御机制的产生原因），回归真正的自我。但是你了解真正的自己吗？真正的自己，是一个可以做出对自身、他人和世界都有利的选择的个体。这种个体存在于每个人的内部。这是一个人内心原本的性质，在角色心理学中，我们把它称作**核心本质**。

核心的自己与虚伪的面具

注意到心理习惯，我们才能做出正确的选择。通过这个，我们就可以变成充满核心本质的真正的自己。

但是，很多人都会把虚伪的自己误认为是真正的自己，在角色心理学中，这被称为**面具**。

所谓面具，就是指人们会美化自己的想法，认为某种做法是完美的，是会受人尊重的，从而会认为自己达成某种状态时，就会被人接受。这是一种**理想化的自我印象**。

这种面具来源于我们儿时的意识（这种意识可能连我们自己都忘了）。我们在小的时候，为了得到他人的关爱以及被人接受，总会"制作"这样一个面具，来创造一个理想的自我。可是，正因如此，我们远离了真实的自己。

而且，我在前面提到的判断，也是人们为了自己的生活所必需的元素。随着心理成长的推进，我们会因为自己的判断而在某些时候得到一些警告，然后对此进行预测。由此，我们就形成了一种这样做会产生这种结果的印象。

基于这种判断和印象，我们就会预测某件事会产生对应的后果，自然也会选择对应的言行。就这样，我们的面具，也就是外在的角色，便形成了。

面具不仅让我们远离现实，还会让我们产生一种误解，即戴着面具生活一定是最重要的。

一旦习惯了这种面具，我们就会利用面具来与朋友、同学、同事去缔结关系，构筑自己的生活。这样一来，人们就会感觉到，内部的自己（没有面具的自己）所期望的状态与现实是有天壤之别的，也会产生"这真的是我自己想做的事吗"的疑问。

意识到理想化的自我印象（面具）

当我们遇到问题时，有时会发现自己的内部存在一些问题。但是，因为有面具，我们无法面对真正的自己。面具会让我们远离真正的自己，从而使我们无法理解什么才是正确的。

由此，我们便会陷入防御机制（因为儿时的一些误解），我们的现实便会变得不如意。为了让现实有所改变，我们有必要脱离在同一种思维中无限循环的状态。

我们虽然想要改变这种循环状态，但只是以各种方法去改变外在的自己，并不断远离原本的自我。

想要把不理想的现实变得理想，有些人会利用理想化的自我印象（面具）背离自己，因此令自己始终无法摆脱不理想的现实。

"为什么总是这样呢？"一旦你产生这种疑问，**你就应该想一下，自己是否是在戴着面具生活**。对自己持有怀疑也是有着积极意义的，因为这是你改变人生的第一步。

接受防御机制（心理习惯），你离真正的自己就更近了

我们总认为，人生如果能够平稳、平和、平静，那就是幸福。然而，这是一种误解。

在我们充满好奇的童年时代，突然产生的负面情绪，诸如母亲的呵斥，父母吵架时自己在旁边不知所措的感觉，或是因为自己想要某件东西而与朋友、兄弟发生冲突后的难过回忆……这些我们在日常生活中经常体验到的负面情绪，便是产生儿时误解的原因。

这样的防御机制，来源于我们在不和谐事件中所产生的"要是什么都没发生就好了"的想法，不过，大多数人并不会注意到它。而且，我们受到"要是什么都没发生就好了"这种防御机制的支配后，还会戴上面具，其结果就是我们远离了幸福。虽然人们一直向着幸福这个目标前进，但也会陷入越想幸福越不幸福的负面循环。

然后，因为这种恐惧，我们就养成了不良的心理习惯。而且，当孩童时期体验过的恐惧再次出现的时候，那一瞬间我们总

会有基于过去的体验而进行预测的倾向。进而，我们便会与这种恐惧同化，并利用我们的预测来行动，由此便有了一种"自己的现实永远不如意"的想法。

因此，如果不能意识到内心的不安与恐惧，我们是无法改变现实的。如果我们能接受和更全面地体会内心的不安与恐惧，并把目光投向其根源——心理创伤，就会获得一个崭新的世界。

不接受心中不好的感觉，我们就只会不断地重复同样的现实。我们要做的不是回避，而是接受。

在此基础上，我们要问自己，自己真正想要什么样的人生，想要做什么样的事。当我们的内心涌现出真实的想法时，便可以治愈自己的创伤。

角色心理学就是治愈并改变内心的方法论

那么，为了从蚕食心灵的防御机制中解脱出来，我们应该怎么做呢？

其关键就是内心和高级自我。

我用角色心理学来说明一下。在现实世界中，存在爱与恨、善与恶、生与死、利他主义与利己主义等，我们总会处在这样的二元纠葛当中。而利用角色心理学解决生活难题的过程，就是指我们要在内心中选择一个高级自我（内心的观察方法、治愈方法，以及改变方法，我会在第三章详细说明）。

如第27页图所示，内心是有层次的。真正的自己（核心本质）会含有一些创伤、低级自我、判断、印象、面具等。

解决这些掩盖真实自我的事物并找到真实的自己，就是角色心理学的治疗方法。

孩子刚出生时如同一块白板，会通过与周围事物构筑关系而感知并顺应现实。这时所产生的现象叫作需求回应。

他们会表现内心的需求（睡觉、吃饭、玩等），这种需求会被他人接受，并会得到与自己需求相对应的他人的反应。随着这种过程的重复，孩子就会开始思考和学习，自己该怎样做才能让别人接受。

这一过程有五个步骤：（1）自己感受；（2）表现；（3）被他人接受；（4）得到他人的反应；（5）他人的表现。

在后面的几个阶段，会出现对现实情况不理解的混乱，以及各种误解，这的确会妨碍成长。在这种状态下，基于现实所创造的防御机制是一种不良的心理习惯（低级自我），而能够选择新体验的自己，就是高级自我。

怎么选择高级自我？

关于高级自我，人们总会误认为它是外在表现出来的崇高人格，但它其实是自身内部最真实的部分（也叫作内心自我）。

通常，我们的高级自我是无法完全对自身进行净化和治愈的。但如果我们能注意到低级自我，对其进行控制，并能够选择自己最想要的爱与幸福，那么我们的内心就会更具光芒。这就是高级自我的状态。

当我们认识自我，探求自我，认识到自己所做的事是好是坏，并学会选择的时候，高级自我（内心自我）便可牢牢扎根于我们的内心。

一旦高级自我在我们的心中扎根，我们就有能力避免各种不幸，从失落中解放出来，我们便可以创造自己想要的理想和更高级的现实。

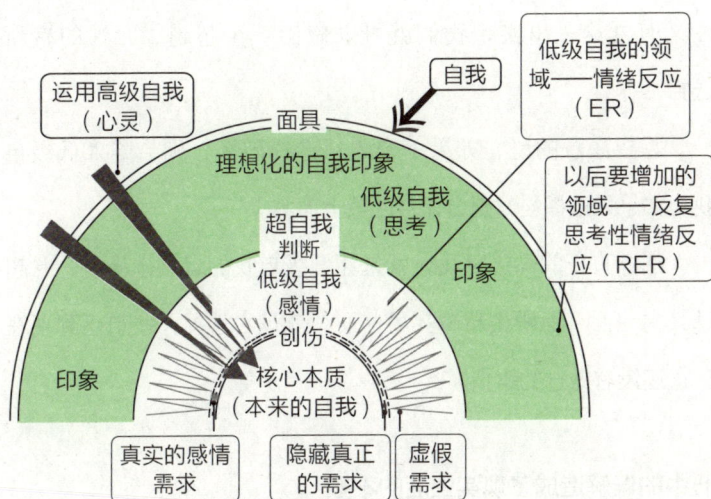

但是，未被身体认同的内心自我（即高级自我没有在内心扎根的状态），只会看到自己的思想，而非现实。这类人只会再次翻出过去的体验，以此思考自己所认为的最佳方法。

换言之，他们不会接受现实，而只会以儿时的错误反应来采取行动。

所谓身体认同，就是指接受现实，并基于这种状态，不仅去理解某个时刻所发生的事件，还用身体去感受。

为了选择高级自我，不仅要认识到低级自我的破坏性，还要充分了解人的内心也拥有选择爱的感觉。也就是说，我们要同时考虑到一件事的好与坏。只要能认识到我们内心既有破坏性又有爱这一事实，我们就可以做出一个超越二元性的崭新选择。

需要注意的是，如果一个人只选择破坏，则会陷入低级自我；如果只选择爱，则会让自己戴上面具。

选择真正的高级自我，就是让低级自我的自己选择爱，并超越其另一面。而所谓超越其另一面，就是去选择一些自己到现在为止还没有做过的事情。

心中的误解造成了现实生活的不顺

我们已经知道，因为体验过各种各样的事情，我们可能会选择同一种处理模式，并且一直做同样的事情。这就是一直失败、现实生活不顺利等问题的原因。

而有些人，因为一直重复做着相同的事情，所以无法进步；也因为一直采取同样的态度和言行，所以不会理解和探知自身。

真正的人生是多变的，既有晴天，也有阴雨，甚至会有暴风雨。昨天与今天一样，今天与明天一样，每天都没有任何变化的情况，在自然界中是不存在的。

也就是说，有些人希望自己一直过一成不变的稳定生活，这种求稳的心态，是一种内心的**低级自我试图控制生活的状态，也是一直停留在低级自我阶段的表现。**

低级自我总会使人做出一些非好即坏、非对即错、非黑即白、非善即恶的判断。这种二元性让自己的现实变得狭窄，从而无法让人认识到低级自我的存在。

而且，有很多人从小时候开始，就一直生活在这种悠闲的选择空间中，他们的人生也会不顺利。我们必须认识到，有时是我们自己把现实变得狭隘，把生活变得艰难。

找回真实自己的角色心理学方法

到这里，我想大家应该已经知道，孩童时期所受到的心理创伤，以及其产生的防御机制，与不良心理习惯有很大关系。

在角色心理学中，根据从胎儿到幼儿时期每个发育阶段所受到的创伤，以及其形成的性格模式（所形成的防御机制），明确了五种角色，并确定了一个人未来的可能性。

因此，我们得以更容易理解怎样才能发挥自身优势。而且，了解五种角色后，我们也就会认识容易陷入心理创伤治疗过程的行为模式，迷茫时，自己该怎么做就一目了然了。

对于那些在迷茫时不知该如何是好的人，角色心理学有着一种带领他们走出困境的魔力。

专栏：治愈过去的创伤可以改变人生

心理创伤是指人在儿时与他人进行各种交流时，由于他人的不理解，或事情没有按照自己的预想来发展而产生的负面体验。

心理创伤是精神医学的一个重要研究课题，有包含荣格、弗洛伊德在内的众多研究者。阿德勒否认了心理创伤，而赖希则对心理创伤的存在进行了肯定。

可是，即便是否认心理创伤的阿德勒，也并没有直接说心理创伤不存在。阿德勒自然也理解，在成长的过程中，人们会受到各种各样的影响，因而在长大之后，由于儿时反复受到过不公的对待，人们的怨恨情绪会增长，之后人们便会将这种情绪从过去搬运至现实中。而赖希认为，人们在成长的过程中，与他人的交流使自己有了心理创伤，且在微妙的能量（有机能量）交流中会被误解和伤害，因而他被认为是精神医学界的特立独行者。

对于赖希所说的有机能量，我的老师芭芭拉·布伦南在其所著的《光之手》一书中也写道："我们在这种看不见的能量中成长，它存在于我们的思维、话语、情感，以及意识所指的方向里。"

实际上，虽然我们无法感知这样的能量，但它却给我们的行动带来一些不确定性，比如我们有时会有一些不好的情绪，或是当感觉到别人似乎在生气时，自己不会去接近他，等等。

然而，我们倾向于只关注我们所看到的、被告知的，以及我们所做的，并不会试图阐明深刻的心理原因，即为什么我有这种感觉，为什么这样说，为什么要这样做。

即使精神医学正在对过去的重大事件和可能造成创伤的环境因素进行统计，但是对于日常生活问题歪曲认识的缓慢加剧（例如，我能感觉到问题，但不知道问题是什么），以及对自己、对他人和对整个世界的潜在误解，目前是没有解决办法的。

为了真正地解决自己的问题，我们就必须去除我们对自己、对他人，以及对世界的不理解和错误认识。

第 2 章

角色类型测试与分析

有关角色心理学的五种角色

　　不同的状态下，人会表现出不同的低级自我，这便是五种角色。角色心理学中的五种角色每个人都会有，其形成的原因和方式不同，使人的思考方式不同，与他人的关系模式也不同。

　　因此，我们要了解这五种角色，并知道现在的自己可能会扮演哪种。只有这样，我们才能解决生活难题，改变那些曾经让我们失败的习惯。

　　那么，大家就实际分析一下自己所扮演的角色吧！如果没有适合你的选项，就选择一个最接近的。

角色类型测试：

问题 1：你在小学时是个什么样的孩子？

A.	必须和其他人在一起的孩子	♥
B.	说好听点是特立独行，说不好听了就是不合群	♦
C.	几乎不犯错误，掌握一切知识的好学生	♠
D.	国王/女王气质	★
E.	任何时候都很友好可爱	♣

问题 2：周围人怎么说你？

A.	整天闷闷不乐，习惯依靠他人	♥
B.	聪明，优秀	♣
C.	认真，努力	♠
D.	按照自己的想法行事，不惜得罪人	★
E.	还要再努力一点，欠点儿火候	♦

问题 3：你的缺点是什么？

A.	过于顽固，自尊心强，不承认错误	♠
B.	不喜欢失败，富有攻击性，不信任他人	★
C.	总是他人优先，有点过度关心他人	♣
D.	自我价值低，依赖他人，持续力不强	♥
E.	无法持续做一件事，没有责任感和存在感，没有自己的生活方式	♦

问题 4：你的优点是什么?

A.	不太能想出来,如果非要说的话,那就是温柔	♥
B.	想象力丰富,有梦想	♦
C.	和任何人都能友好相处,关心他人,理想主义者	♣
D.	完美主义,认真,优秀,贯彻自己的想法	♠
E.	善于领导他人,有计划,多才多艺	★

问题 5：别人对你生气时你会怎么做?

A.	用语言回击,反抗	★
B.	可能是自己的原因他们才生气,因此会接受别人对自己的不满	♠
C.	说实在的,别人对我生气也没什么现实意义,可能会因此进一步激怒对方	♦
D.	总觉得为什么自己又做错事了	♥
E.	内心很生气,表面很和气,有时也会爆发	♣

问题 6：工作上什么最重要?

A.	让人高兴,每天对人笑脸相迎	♣
B.	帮助别人	♥
C.	想尽办法提高业绩,创造成果	★
D.	稳定	♠
E.	富有创造性	♦

问题 7：恋爱时你的模式是什么？

A.	不和他/她构筑密切的关系。不了解与人谈恋爱的感觉	◆
B.	不知道是喜欢还是爱。谈论恋爱和性爱的话题时会感到脸红，感觉这是个不能聊的话题	♠
C.	恋人的快乐就是我的快乐，但当我谈得累了的时候就会选择分手，有时会因此伤害到他/她	♣
D.	恋爱体质，有点自负，遇到喜欢的人会主动追求，对他/她有很多期待，有时会感到自己被背叛	★
E.	容易感到寂寞，需要人陪，恋爱至上主义，很依赖恋人，人们觉得我很黏人	♥

问题 8：感到困难时你会怎么做？

A.	心中默念"没关系"，假装平静	♠
B.	燃起斗志，绝不认输。脑中模拟几种可能出现的情况，直面问题	★
C.	心里想着与自己没关系，然后转嫁给他人或设法逃避	◆
D.	找人商量，请求帮助	♥
E.	自己承担，勇于自我牺牲，但也希望因此得到他人良好的评价	♣

问题 9：对你来说时间是什么？

A.	一发呆，时间就过去了，对时间没有感觉	◆
B.	时间是自己行动的指标，但凡有点偏差，心里就会觉得别扭	♠
C.	经常沉浸于过去，总是对过去进行假设，想着那个时候要是××就好了	♥
D.	考虑过去和未来，对未来状况进行预测，做好准备	★
E.	没有注意到时间流逝，有时只顾着说话而忘了时间	♣

问题 10：人生最重要的是什么？

A.	进步，成功，一个特别的自己，一个不输给任何人的自己	★
B.	拥有梦想和想象力，不断开启新的征程	◆
C.	伙伴和爱，以及与现在所处的群体发展良好的关系，人人皆兄弟	♣
D.	避免问题与麻烦，如果有失败的风险，自己会在所预想的安全范围内解决	♠
E.	守护某个人，不缺钱，工作和爱情都圆满	♥

问题 11：这其中最害怕什么？

A.	失败	♠
B.	逊人一筹	★
C.	被人抛弃，孤独	♥
D.	感到羞耻	♣
E.	牵扯到别人	◆

问题 12：你的发质是什么样的？

A.	像猫毛一样柔软	♥
B.	发量大、粗糙、很硬、卷曲	♣
C.	头发很直	♠
D.	头发稀疏，略秃	◆
E.	大波浪	★

问题 13：你的眼睛是什么样的?

A.	给人压力，具有震慑力，经常斜视他人	★
B.	感觉不到感情，给人感觉很冷	♠
C.	泪汪汪的，显得自信不足，不敢和人对视	♥
D.	目光呆滞，不知道在看什么，无法与人眼神交流	♦
E.	似乎能看穿对方内心，像孩子的眼睛一样亮	♣

问题 14：你的肩膀或手臂是什么样的?

A.	肩膀和手臂健壮有力	♣
B.	肩膀不宽，手掌无力，很不满意自己的手	♦
C.	手臂紧贴身体，手掌展开，给人感觉很有礼貌	♠
D.	溜肩，双臂无力地下垂	♥
E.	双手放在腰上，手指弯曲	★

问题 15：你的腿是什么样的?

A.	双腿向外打开，走路很威风，大摇大摆	★
B.	双腿并拢。女性坐着的时候双膝合并，男性把双手放在小腹前	♠
C.	O型腿	♥
D.	瘦弱，关节无力，行动不顺畅	♦
E.	X型腿	♣

问题 16：你的骨盆及其周围是什么样的?

A.	瘦弱无力	♦
B.	骨盆有力，坚固地支撑着腰部	♠
C.	比较单薄	♥
D.	紧紧夹着，显得自己很紧张	♣
E.	腰比较苗条，自己很喜欢	★

问题 17：你是怎么举手的?

A.	竖直向上，一下子举起	♠
B.	紧张地举起	♦
C.	手一边S型比画，一边举起	★
D.	轻轻举起，不举高	♥
E.	就像从下面捞出东西一般从下到上一下子举起	♣

问题 18：你是怎么和别人说话的?

A.	给人感觉话没有说完，话语的最后一部分像是在心里对自己说的	♦
B.	别人说话时会"嗯嗯"地回应，但经常在别人说话时插话	♣
C.	语气强硬，像是在挑衅	★
D.	没有自信，好像总是在提问	♥
E.	有礼貌，但不听取他人意见，即便是同意了，也会接着进行否定（类似于"对，但是……"）	♠

问题 19：你平时都在考虑哪些事？

A.	我必须……但是，太麻烦了	♣
B.	不想再待在这里了，周围人好像很讨厌我	♦
C.	我不行，只有那个人才可以，明明必须努力，可我觉得我还是不行	♥
D.	认真，努力，必须不犯错误	♠
E.	别人怎么说我，我就怎么说别人；自己绝对没错	★

问题 20：你与他人的关系的特征是什么？

A.	喜欢独处，一个人很自由	♦
B.	领导的左膀右臂，优秀的辅佐者	♣
C.	依赖他人，想成为群体中心，但做不到	♥
D.	一直很认真，不知不觉地成了标杆	♠
E.	领导一般的人物，群体的领导者	★

问题 21：你的整体体质如何？

A.	虚弱体质。驼背、瘦弱。胸腹、臀部无力，肠胃也不好	♥
B.	易胖体质。体格还不错，比较健壮，肩背肌肉多	♣
C.	比较瘦小。关节弱，毛发稀疏，平衡感差，容易摔倒	♦
D.	身形不错。目光有神，有点高血压，脑门儿大	★
E.	平衡感强，有气质，外表经常被人夸	♠

刚才的21个问题，你选的最多的符号是什么？各符号的意义
如下图：

◆	分裂型
♥	口腔型
♣	忍吞型
★	控制型
♠	刻板型

请按照你所选符号的数量顺序排序（由多到少）：

【　　】>【　　】>【　　】>【　　】>【　　】

这就是你的角色类型。如果有两个或两个以上的符号数量相
同，意味着相应的角色类型在你的心里有较强烈的表现。

接下来，我会对各个角色类型进行说明。

了解自己的角色类型，就可以解决生活的困难

分裂型：不了解问题所在，一味逃避现实

分裂型最主要的特征就是逃避现实，不负责任。其原因是胎儿时期和出生时所受的创伤（出生创伤），以及在出生后半年的时间里，自己的想法无法实现。

也就是说，他们不知道该如何负起责任，出现问题的时候就逃避现实，假装自己不处在当前的状况当中。总是幻想着一些事情，不敢面对现实，然后便把自己逼进了一些很严重的问题里。了解"人生可以被自己改变"很有必要，但对于分裂型的人来说，这还挺难的。

◆ 外在特征

存在感不高，行动迟缓。目光无神，不知道在看什么，或者眼里充满了不安。手脚动作很慢，身体的平衡感差。学生的话，通常会在教室的某个角落发呆，即使不来上学，也没人会注意到。

◆ 形成原因

在母亲的腹中（这是一个安全且安心的场所），或者在出生

之后的六个月内，一个人如果有了被拒绝的体验就会形成创伤。

这个时期，胎儿与母亲一心同体，母亲的感受几乎就是胎儿的感受。如果母亲对于某些事情感到恐惧，这种感觉也会传递给胎儿。

他们会产生"不想待在这里""别人都讨厌我"等误解，基于这种角色分裂，他们会感到世界对自己充满敌意。而且，他们在与人接触时总是以别人都讨厌我为前提，因而在任何时候，他们都会畏首畏尾。对生活中的一些基本事件产生恐惧，这就是分裂型的特征。

◆ 防御机制下的人格表现

缺乏持续力、责任感、社会性、协调性。

不善于在某个场所安定下来，频繁地搬家或换工作。

害怕他人，无法与他人深交。没有存在感，经常感到恐惧。表现得笨手笨脚，容易被人当作异类。

沉浸在自己想象的世界，无法面对现实。不理会"此时"与"此地"，经常无所事事，对于他人，总有一种即便在一起也不会一同做什么事，或是他不会听我说话之类的想法。

◆ 陷入防御机制时的想法

"算了吧""这不是我能待的地方""不想待在这里"。

◆ 分裂型

现在的状态

呆滞

无趣

笨手笨脚

不该在这里

要是不在这里
就好了

存在感低

关节不灵活

行动很无力

理想的状态

我的存在是我的权
利，我是实体，我
现在就在这里

心怀梦想

富有创造力
和想象力

有超越其他人的
能力和直觉

◆ **防御机制持续作用时可能造成的负面影响**

· 害怕承担责任，设法逃避，之后使事态变得更加严重。

· 看似不可能的灾难或麻烦屡次出现。

· 理想有很多，但都无法实现。

· 害怕加入其他人，总会感到自己会被拒绝。

· 经常出现迷路，坐错车，邮件打错字、发错人的情况。

· 脱发、认知障碍、恐惧症、孤独症、过敏。

◆ **人生的主题（目的）**

总结自己混乱的一生。

将心中的梦想变成现实。

◆ **本质**

创造力强、有丰富的想象力、直觉强、有超越常人的能力、有独特的世界观、有与生俱来的艺术性、心灵世界强大。

◆ **生活特点**

· 由孩童意识（自己会被拒绝、被讨厌）向成年人意识（世界很安全，在这里待着就行；这里就是我的归属）转变。

· 会认识到此时的状态（能够感觉到自己正处于某个场所）。比如与人交流、打扫卫生、读书等正在进行的事，他们会集中精力地持续做下去，直到完成。

· 会认识到此时的世界。通过站立、下蹲、跳跃、双脚踏地等动作来感受自己的身体。用脚底板感受大地也很有效果。

· 感到安心、安全。接触到某人，感受他人的温度。通过和友人的握手、拥抱，或与家人的身体接触，来意识到自己可以待在这里、自己是受欢迎的。

◆ **分裂型的名人**

史蒂夫·乔布斯、萨尔瓦多·达利。

口腔型：不知道怎么办才好，不善于与他人构筑关系

哺乳期（从出生到一岁半）所受的创伤是口腔型的形成原因。这类人在接受和给予爱，以及被人认同方面遇到过很大苦难。

与口腔型相关的创伤，都是在很小的时候造成的，人们通常会对某件事不知道该怎么办。同时，他们也不知道自己想要什么、想做什么，经常感到混乱。而且，由于不知道怎么负责，也不知道怎么寻求帮助，经常会把自己形容得很绝望。

💚 **外在特征**

依赖他人。易感到疲倦，代谢差。驼背，双臂无力下垂。眼睛好像泪汪汪的，似乎很渴望什么东西。

💚 **形成原因**

从出生后半年到一岁半这个时期（此时期的我们什么也不能做，无论是饿了，还是尿床了，我们只会哭），反复体验被忽视的感觉（有人认为孩子才会这么认为，这是一种误解）。具体有

以下原因：

· 肚子饿的时候，或者发烧难受的时候，自己一直哭，但母亲不会马上过来（此时，母亲可能正在忙着做其他的事，比如冷却牛奶等）。

· 哥哥或姐姐在身边，但无论怎么喊他们都不来帮忙。

· 喝奶时力气不足，没喝够。

· 被置于一个远离母亲的陌生场所（爷爷奶奶家、婴幼儿托管中心等）。

基于这些体验，孩子们会感到被忽视，会产生无论自己怎么做，自己的需求都不会被满足的想法，进而促使他们放弃满足需求。这对于他们来说是一种悲哀和绝望。

♥ 防御机制下的人格表现

优柔寡断，自我价值低。

他们总会扮演受害者或悲剧英雄，来吸引周围人的注意力。总是渴望某些东西，对他人拥有的东西很羡慕。依赖他人，总爱跟着某人。

经常出现想要的东西得不到的情况，始终认为想要的东西肯定得不到。与人谈话时基本不说话，大多数时候都是对方在说。

在任何时候都感觉东西不够，因而得不到满足。喜欢长时间打电话。发的邮件很长，但基本没意义。不停地自言自语。别人请求帮忙的时候不会拒绝。经常自哀，感到恐惧。情绪起伏较大。

♥ 陷入防御机制时的想法

"不，不""我果然不行""想要的东西肯定得不到""很讨厌"。

♥ 防御机制持续作用时可能造成的负面影响

· 没朋友，没恋人，没钱，没工作，没体力。

· 由于依赖他人，当对自己一直追求的结果过于看重的时候，会被忽视。

· 即便被人夸奖，也会以一句"就我这样的……"之类的话来回应，最后没人愿意夸奖了。

· 过度关注他人而感到疲惫。

· 没有接受过他人的关心，虽然他们会通过关心他人来体会被人关心的滋味，但总会有种谁也不关心我的感觉。

· 因为感到自己无力，所以可能真的会发生一些让他感到无力的事情。

· 贫血、慢性疲劳、肠胃不适、免疫性疾病 、抑郁、依赖症。

♥ 人生的主题（目的）

自立。依靠自己的双脚立足。

依靠自己满足需求，并学会借助这种富足来给予他人。

💚 口腔型

现在的状态

眼泪汪汪

别人请求帮
忙时自己不
会拒绝

想要但得
不到

双臂无力下垂

我为什么
这么无能

手紧握

不行，不行

脚尖朝内

理想的状态

我可以接受一切，
并感到充实

温柔

我会原谅你

慈爱

我有满足自己
需求的权利

感受细腻

希望自己能
够爱别人

明快

天生的
教育者

💚 本质

温柔、不远离任何人且能够帮助他人、慈爱、感受细腻、天生的教师、善于发现人的优点、可以平等地接受任何人、有强大的精神力。

💚 生活特点

· 由孩童意识（我什么都不行）向成年人意识（自己能满足自己，能感受到自我）转变。

· 自己能满足自己的需求。不依靠他人，积极探求自身所需要的东西（如想吃的食物和需要的帮助等），能够自我关心，在自己的需求尚未被满足时，不会去关心他人。如果需要什么，自己会努力表达需求。儿时没能满足的需求，在长大后能够得到满足。

· 能够接受一切。当被别人表扬时，自己不会以自我否定的方式回应，而是先深呼吸一下，然后让对方感受到你的友好。

· 接受现状。通过脚踩地面的声音，真实地感受自己能够立于大地。

💚 口腔型的名人

南丁格尔、特蕾莎修女。

忍吞型：不知道自己想要干什么

忍吞型是在自立期形成的。在自立期，人们能够明显表现自己的爱好，也可以运用两个以上的词来进行表达，并开始萌生好奇心、冒险心。

如果在这个时期，孩子受到父母过度限制或过度干涉，他们会感到自己在想做的事情上受到了阻碍。如此持续下去，人们就会有一种只要听父母的话自己就会被表扬的想法。而且，相对于做自己想做的事情，他们更倾向于做让父母高兴的事情，并因此误会了真正的自己。

♣ 外在特征

脊背健壮，肩膀厚重，肌肉发达，有压迫感，让人感觉有厚度。身材比较丰满，有稳重感。X型腿。圆脸，每天看着都挺快活，经常对他人表现出毫无敌意的稳重面孔。

♣ 形成原因

自立期（两岁开始）时，父母的过度关心、过度帮助，以及过度干涉影响了孩子的自由。因此，他们会积攒不满，同时会产生一种自己的需求可以先放一放，先让爱自己的人高兴要紧的误解。具体有以下原因：

· 明明不想去厕所，但妈妈曾经说过"出门之前最好去一趟"，而且这样做之后得到了母亲的表扬。

· 觉得身体上的变化是可耻的。

· 轻视甚至无视自己的自立表现（例如，画画时想要涂某种颜色，但母亲说需要换另外一种颜色，然后自己就换了）。

类似于这样的表现，他们优先在意的永远是他人是否高兴。

但这样一来，他们的自由就被夺走，自己的一些想法也会被别人反驳。对于这种被控制的状态，他们会隐藏愤怒，并在心里产生照别人说的做就对了的消极想法。

♣ 防御机制下的人格表现

和任何人都能相处，任何人也都很喜欢这样的人，并经常夸奖他们，但他们会把内心的愤怒和不满一点一点地释放出来，并将对方晾在那里，以此来使对方生气。偶尔也会有控制不住而爆发的时候。

不成熟，经常表现得很孩子气，因为嫌麻烦而懒得行动，总是等待别人指示。

就算是决定了某件事，他们也要花很多时间来付诸实践。生气的时候什么也不说，也没有任何行动。自己做出牺牲时就会感到高兴，有一种自虐的感觉，经常通过自我贬低来实现自我。

能感到自己有能力，但最后的行动总能推翻自己的这个想法。想要的东西都得不到。

♣ 陷入防御机制时的想法

"啊，看来必须得这么做啊（牺牲）""太麻烦了"。

♣ 防御机制持续作用时可能造成的负面影响

·总是为了他人而牺牲自己，像奴隶一般地忍耐着（之后其积累的愤怒可能会爆发）。

♣ 忍吞型

现在的状态

别人高兴
我就高兴

喜欢和别人
在一块

亲切

天真无邪

身形健壮，
肩膀厚重

娃娃脸

X 型腿

反正自己总
是被人喜欢

身体较重

有安定感

理想的状态

我是自由的，
可以随意表现

外向，心大

有同情心

勤勉

喜欢开心
的事

有创造力

能理解他人
的难处

能够忍耐

· 不爱行动，又嫌麻烦，事情一直没有什么进展。

· 无法自己决定一些事。

· 不知道自己想要干什么。

· 不知道自己的喜好和需求。

· 不知道与对方保持适当的距离，过度侵入对方的空间。

· 癌症、肥胖、脑出血、过敏、哮喘、执行障碍、不自觉的
性骚扰行为。

♣ 人生的主题（目的）

创造性地表现自己。

为了自己而自由地行动、表现。

♣ 本质

拥有宽广的心，把别人的难处当作自己的难处，内心充满创
造性和艺术性，努力且能够忍耐，喜欢让人快乐的事，是辅佐领
导的左膀右臂，善于关心他人，拥有无限的能量并可以将能量分
享给他人。

♣ 生活特点

· 不在意别人的看法，而是把自己的心情放在第一位，自由
地生活。

· 自己的空间很重要，与他人分清界限。

由于父母经常侵入自己的世界，因而与他人之间的界限很模
糊，无法为了自己去争取空间。需要训练自己争取并有效使用自

己的时间和空间。

· 无论是对自己还是对他人都能给予自由。有时我们会不知不觉地入侵他人的世界，我们要避免对他人的过度关心。

· 乐于行动。之前为了成为好孩子而忍耐自己的需求，我们要尝试做自己想做的事。因为之前不爱行动，从做决定到付诸实践需要很长时间，我们要训练一些身体上的行动，来实际体验事物的变化。

♣ 忍吞型的名人

迈克尔·穆尔。

控制型：不知道自己在相信什么，不承认现在的自己

控制型的形成时期是第一次显现性别特征的时期，在这个时期，孩子的内心会特别想让异性监护人来关注自己。

刚开始，异性监护人确实会非常关爱他们，但是，后期会渐渐忽视他们，并拿他们与兄弟姐妹进行比较。因此，他们不得不去争宠。长期处在这种为了得到父母关爱而竞争的环境下，便会受到创伤，这便是控制型的根本特征。

在这种状况下，为了能够继续得到异性监护人的关爱，他们就会认为，自己必须处在一个正确的、稳固的地方。

在他们的心里，相比于现实、爱、信赖，被认同和被重视才是最高目标。这便是控制型的创伤。

★ 外在特征

目光有力量，经常以挑衅或诱惑的目光看着某人。脑门儿大。女性中有很多人腰部纤细，身材比例好。肩膀和腰部突出，有自信，有威慑力，给人感觉有些刻薄。国王/女王范儿。

★ 形成原因

在幼儿期（男女性别特征开始显现时），孩子们总会认为，如果自己不比别人优秀，就不会被爱，这样的创伤就是控制型的形成原因。具体来说：

· 父亲明明说喜欢自己，却和母亲结了婚，自己感觉遭到了背叛。

· 父母提出交换条件（例如，"如果你做到××我就××"，有条件的爱）。

· 父母没能遵守一些小的约定（例如，读睡前故事等）。

· 有了弟弟妹妹之后，父母的关心更多地给了他们。

基于这样的体验，孩子感受到了父母的"背叛"，因而会试图对周围的环境和人进行控制。

★ 防御机制下的人格表现

不完全了解某件事，心里就觉得不舒服。

因为试图控制周围环境，经常处于"临战"状态。除了自己都是"敌人"，为了不输给他们，一刻也不放松。

经常自我陶醉，看上去自信满满，但无法拥有真正的自信。

为了隐藏自己的不自信而虚张声势，无论做出怎样的牺牲，自己都要取胜。

因为经常处于优越环境，想要控制周围环境，但与前三种类型（分裂型、口腔型、忍吞型）的表现方式不太相同。以分裂型为基础的控制型，他人很难接近这类人；以口腔型为基础的控制型，这类人会通过顺从或诱惑来达到控制的目的；以忍吞型为基础的控制型，具有一种即使沉默也会让人感到被支配的威慑力。

★ 陷入防御机制时的想法

"不这样是不行的""我才是对的""面对一切都要取胜""一定要让对方明白""我没错"。

★ 防御机制持续作用时可能造成的负面影响

· 总是居高临下地说话，对人有威慑力，人们会对其敬而远之。

· 有一种其他人肯定会背叛我的想法，并无意识地将这种态度表达出来，由此引发对别人的不信任；在现实中假设他人的背叛。

· 坚信自己没错，态度固执，不灵活。

· 认为自己想象的世界才是正确的，并错误地猜想别人也一定是这么想的，进而采取错误行动，导致情况混乱。

· 乍一看充满自信，实则很自卑。

★ **控制型**

现在的状态

清高且诚实

我很厉害

我很漂亮

自恋

女王气质

我是对的

你是错的

有气势

理想的状态

我信任他人

我不好胜

率直

非常知性

清高且诚实

展示出正确的
价值观

温柔稳重

大气

· 喜欢挑战不可能的事情，并因此消耗过多精力。

· 想要比对方更优秀而常采取一种支配他人的态度，导致其与他人的关系变得复杂。

· 经常觉得这也不行那也不行，导致慢性头疼。

· 高血压、心脏病、糖尿病、痛风、浑身无力、精神分裂症、创伤后应激障碍。

★ 人生的主题（目的）

· 将自己从特别意识当中解放出来，感受到自己和他人其实是一样的，认同他人的核心特质，并予以尊重。

· 培养对自己以及对他人的信赖。

· 杜绝控制思维，让自己顺应世界和宇宙的规律。

通过上述内容，让自己在充满战斗思维的头脑和内心当中创造平和。

★ 本质

充满进步心、有策略、有统帅力、知性、有魅力、清高、诚实、率直、有正义感、宽容、思维广阔、博爱、有正确的价值观、善于说让别人豁然开朗的话。

★ 生活特点

· 放下武器，停止争斗。摆脱孩子意识，不再为了成为理想的自己而拼命努力，以成年人的视角认识爱与被爱，活在当下，寻求新的挑战。

　　· 不再擅自按照自己所想的做出决定。一旦注意到自己的妄想，就会进行反思，并努力面对现实。

　　· 了解到自己不是最特别的。不再认为自己比别人优秀，也不再拿自己和别人比较，接受现在的自己，以现在的状态继续生活下去。

　　· 信赖他人。不再按照自己的想法来控制周围的环境和人，对一些事不再追究，不了解的话也不会逼自己去了解。

★ 控制型的名人

拿破仑·波拿巴、圣女贞德。

刻板型：害怕失败，冷冻感情

　　刻板型是人们从幼年期开始，在成长过程中（尤其是在青春期）形成的。

　　与刻板型有关的创伤，通常是由人们误认为自己现在的情感比较危险而强行抑制自己的感情（即感情麻痹）造成的。

　　一旦发生感情麻痹，人们可能无法忍耐一些正常的、自然的但消极的情绪（如讨厌、憎恶等），从而试图阻止这种情况。抑制情感时，人们肌肉僵硬，脸上没有反应，但因为这些负面情绪，我们感受不到他们的爱与快乐。

　　因为不知道自己现在是什么感受，因而他们给出的答案也不是统一的。因此，他们的人生也必然是刻板而无趣的。

♠ 外在特征

全身匀称，身体上看不出什么异样，但骨盆略微向后。因长时间状态固定而看不出气色。经常伸展腰背，体态还不错，走路时上半身基本不动，双腿机械性地摆动。是认真的好学生。

♠ 形成原因

在青春期，人们对性开始产生兴趣，但因为"性是一种令人羞耻的东西，不能谈论"这样的误解，而使人产生创伤。因为受到严格的管教，一些人无法依照自己的想法来行动，只能按照大众的模式去做某些事。具体有以下表现：

· 在与家人相处，电视上开始播放性爱场面时，家庭氛围变得紧张，父母态度变得严肃。

· 因对性产生兴趣而被父母斥责。

这样的经历，会让人产生"性是需要严禁的东西，自己不能讨论性"之类的误解。

· 内容空洞的交流。

· 每天的计划都会默默地完成。

· 家庭和学校的教育非常严格。

· 父母总是一副都是为了你好的态度。

这样的经历，会让人产生××不能做、××必须做的想法，从而失去反抗心，也无法将愤怒表现出来，行动时只会考虑到规则。

♠ 防御机制下的人格表现

因为太过认真而没有缝隙，因××不能做、××必须做而变得束手束脚。

头脑中只想着认真、严肃，是完美主义者，想法周到，但无法根据实际情况随机行事。无法灵活应变，发生预想之外的状况时会感到害怕。

因为冰冻了自己的情感冲动，因而无法了解自己的感觉，以口头的理由和意志叙述来代替自己的感情。严格要求自己，不在人前显露感情。和以前任何时候一样，只要没有风波，生活就算是安定的。容易变得傲慢无礼，对周围人经常爱答不理。

♠ 陷入防御机制时的想法

"认真、严肃""我会没事的"。

♠ 防御机制持续作用时可能造成的负面影响

· 因为认为"我会没事的"而不听取他人的意见。

· 恋爱的时候总会采取同一种模式，显得无聊。

· 当意料之外的事情发生时会感到恐惧、暴怒，由此影响周围的人。

· 规规矩矩，每天一成不变，没有爱也没有性，生活单调。

· 偶尔会特别想使用暴力（如想碰撞正在下楼梯的人等）。

♠ 刻板型

现在的状态

认真、严肃

一成不变

我会没事的

稳固不动
的骨盆

完美

神经质

双腿笔直

过于讲究

理想的状态

我有爱

热情

献身

有领导力

忍耐

有冒险心

明晰

遵守秩序

· 腰疼、帕金森综合征、强迫观念、洁癖、没有性爱经验。

♠ 人生的主题（目的）

将自己的感情和想法融入日常的行动中。

不再追求完美，接受当下的自己。

感受并表现自己的情感，与人分享。

将性与爱结合。

♠ 本质

热情、有领导力、有管理能力、有冒险心、忍耐力强、勇于献身、有秩序感、心中充满爱。

♠ 生活特点

· 不再封印感情，而是像个成年人一样，热情而有感情地生活，接受现在的自己。

· 学会感受（找回灵活性）。不因为封闭自己而与性隔绝，随着音乐摆动身体，放松心态。在这个过程中，试着感受一些内心好的或不好的情绪，以此来接受内心的东西。

· 像个成年人一样生活。不再考虑自己的决定是否正确，以及是否是平时常采取的行为，试着训练接受自己的"灰色地带"。放弃追求完美的意识，允许适当的失败。尝试做一些会让人们夸奖自己的事情。

· 遵循自己的热情。

不再觉得"我没事""一定要认真"，基于自己的热情和爱来看待世界。

♠ 刻板型的名人

马丁·路德·金。

五种角色像洋葱一样一层又一层

　　在角色心理学上，没有人是只符合其中一个特征而与其他特征完全不沾边的。这五种角色，每个人都会有。

　　我们在成长的过程中，如果所处的环境与他人相同，所感受到的压力与他人也相同，那么对一些事的处理方式也会差不多。所以，每个人都具有类似的防御机制，就是五种角色所对应的人格表现。

　　但是，这五种角色所占的比重，每个人是不同的。认为可以根据一个人的外在表现来判断其内在人格，这其实是一种误解。

　　分裂型、口腔型、忍吞型是在人们很小的时候形成的，这个时候的人们还无法进行言语表达。这是角色心理学的三个基础角色。

　　而控制型和刻板型，则是人们在与外界和他人的交流（即构筑关系）的过程中而形成的言行模式。

　　在其外在表现的背后，必然隐藏着基础的防御机制。

　　比如，口腔型控制型，或者分裂型控制型，这些都是复合型的角色，分别对应着不同的复合型人格特征。这就好像洋葱皮一般，一种人格套着另一种人格，只针对外在表现治愈创伤是远远不够的。因为解决了一种人格问题，还会出现另一种人格问题。这种问题一旦加剧，还可能会出现多重人格障碍。

审视成人自我的角色

在我们的成长过程中，根据现实世界的变化，我们都会体验到这五种角色。如此反复，我们真正的创伤便被压在了内心深处。

每个人都拥有五种角色，为了应对现实生活中的不如意，就会不断尝试创造不同的复合角色。

我们平常所看到和感知到的世界，其实只是在其中生活的人和物的集大成之物，并非外部世界的本质。我们经历过那么多事情之后，心里便产生了滤镜，在看待世界时都是以自己的方法来进行的。因此，眼前发生之事和自己所认识之事之间是有偏差的。

想要治愈自己，我们就要先了解自己到底在做些什么。为了做到这一点，我们需要学会在自己的心里审视自己。在角色心理学中，我们把这种审视叫作**成人自我**。

顺带一提，一个人能注意到自己的防御机制的运作，就是成人自我形成的前兆。对于我们来说，我们必须学会以第三人的眼光来看待自己，并借此修正自己。因此，了解五种角色的混合情况是很重要的。

大家都拥有五种类型

每个人都有五种角色

正在观察的自己

不做判断的自己

以自己为中心的成人自我

你感到了什么？

竟然还有这样的事

内心……

正在询问的自己　　　**正在体验的自己**

学会审视五种成人自我的角色，
就可以了解真实的自己。

五种角色的出现方式决定着心理习惯

接下来，我要说一下五种角色在什么样的情况下会无法有效形成或被彻底终止。

由于出生不久便受到心理创伤，导致自己对现实的认知产生混乱，这种情况下的创伤所形成的是分裂型。

通过自身将外界的影响表现出来，但是对方并没有接受自己的表达，或者在交流中，自己没能得到想要的东西，这种情况下的创伤所形成的就是口腔型。

看到自己所爱的人对自身表现的反应，由此对自己所要做的事情产生误解，这种过程会形成忍吞型。

感受到自己所爱的人的反应，试图让自己能够吸引外部世界的关注，这种创伤所形成的是控制型。

将自己的情感和感觉全部冷冻并隐藏起来，固化自己的内心，对事物采取同样应对方式的就是刻板型。

也就是说，各种角色所对应的创伤，其所占比重不同，产生的心理习惯也就不同。而这种心理习惯正是人们生活不如意的原因。五种角色，即创伤治愈的要点，是在怎样的过程中形成的，在什么情况下形成的，我们需要好好研究。

能够注意到这种事情的人，手中肯定握有改变人生的钥匙。

你越是认为"这就是我，我就是这么活过来的"，你周围的墙壁就会越坚固，你就越有可能被禁锢在高墙之内。

了解防御机制，选择高级自我

在我们心中，防御机制一直在起作用。

对我们来说，最重要的就是要注意到这一点。由此，我们便可以选择高级自我。

而在做选择的时候，如果你能问自己一句"这时要不要选择爱呢"，可以帮你做出正确的选择（高级自我）。但是，我们同时也要注意，如果一味地为对方选择爱，这也是一种低级自我的表现。

做选择的过程中，最重要的是自爱，即对自己的爱。在对自己、对他人、对世界的爱中，我们需要选择一种更加靠近自己的爱。

因此，我们要先考虑一下：自己的选择是否会让自己开心？是否会为自己创造真正的快乐？

然后我们再去想：这种对自己的爱，对别人是否也是有好处的？别人是否也能接受呢？

也就是说，如果我们所做的选择，对别人来说是无法接受的，那么，我们就要考虑另外的方向，来满足别人的需求。

别人受伤，其实也是一个我们自己受伤的过程。

此外，当有人能接受我们的选择时，我们还要思考，我们的选择，是否适用于所有人。

比如，在男女恋爱中，如果对方说"你应该多考虑一下你自己"，这个时候，你要想到，他/她说这句话体现的可能是内心的不安，而不是毫不犹豫地说"yes"。

而且，你还要考虑一下，为什么你一直在考虑对方，但仍让对方感到你不够尊重。我们必须去探究，在自己身上是否存在一个与爱对方和尊重对方相关联的创伤。

此外，想要在自己的内心中，针对被爱和被尊重，发现儿时所受的创伤，以及改正这种误解，就必须让自己面对现实。

这个时候，你所做的不是向对方打开内心，而是治愈自己的创伤。

能注意到这种误解，才能知道为什么自己爱的人觉得没有得到尊重，也就可以了解自己所爱的人的伤痛。

由此，双方都可以触碰到对方的痛苦之处，进而可以选择真正的爱。要选择高级自我，就一定要先面对自己。

人最高级的目的，就是能够帮助别人。因而我们为了自己的子女，以及我们所爱的人，都会不惜牺牲自己的一切。但是，当我们对他人的爱胜过对自己的爱时，我们就会在自己与他人之间制造出矛盾。这种矛盾会让我们与自身割裂开来。

专栏：学习角色心理学，找到前进的方向

真正的选择高级自我，就是把目光投向自己从来没有看过的方向，并尝试挑战去获取存在于那里的东西。

也就是说，我们要把手伸向未知的地方。你今天的成功，很快就会变成历史；今天创造的东西，明天就会变成旧物。而这就是"此时""此地"意识。

拘泥于过去，执着于过去，你就不会有无法预期的未来。你总在想"啊，怎么又是这样"，那样做，你的未来永远只会如此。

而如果你能持续选择高级自我的话，你的现实就会从一成不变的生活变成充满冒险和未知的世界。这到底是种什么样的体验呢？我拿我的经历来跟大家说一下。

深入自己，面向现实，我曾经做过这样的训练。

突然间，眼前的广阔世界发生了变化。

在那之前，我的世界是黑白的，就好像在用黑白放映机看电影一般。而现在，我仿佛是在拿着最新的手持摄像机拍摄，画面充满色彩，世界变得崭新。

现在与之前，我明明处在同样的世界里，但现在的我却可以感受到蓝天与海洋、花草与鱼虫。大自然的绝妙，以及世间所有的物质、所有的人，我都能看到它们的光辉。

这带给了我强烈的感动。

但是，这种感动转眼之间就消失了，我的现实又回到了一片黑白。

然而，这种体验是美好的，而且我也已经知道，现在的世界并不是我所看到的那样，这就足够了。我全身的细胞都可以感受这个世界，虽然现实世界对我来说依然有如黑白电影一般，但我已经能够感觉到一丝不同。

有打开新的世界的可能性，人生道路就会改变

现在大家明白了吗？所谓的选择高级自我，就是以一个更大的视角来审视自己的言行。自己的言行是否真的让自己感到满足和快乐呢？之前一直在采取的做法真的是唯一的选择吗？能考虑到这些，我们便拥有了更大的视角，并可以面对自己，与自己内心的感觉进行交流。

选择高级自我，就要拥有审视自我的目光，并基于对自己行动的好奇来看待自己。此外，还要从积极的意义上来怀疑自己。这样一来，你的心智就会成熟，你就会发现前所未有的新道路。

而成熟，就是允许自己感受自己现有的情感，进而让自己感

到安全。也就是说，我们必须熟练地正确对待自己。

我们在小的时候无法控制好自己的感情，因而经常哭泣、大怒、捣乱。当我们长大之后却认为，无论我们的心中有什么样的情感，我们永远是安全的。

因此，接受一个能感受情感的自己，接受所发生的一切事情，并关注眼前真正发生的事，这才是选择高级自我的表现。

与此相反，如果对突发事件感到恐惧，感到一切都令自己讨厌，并把责任转嫁给他人的话，这样的人，即便是年龄上已经成年，心理年龄与孩子并无二致。

心灵与身体本应一同成长。在心灵成长与身体成长之间取得平衡，人们的生活就会更加顺利。这些并不仅仅针对儿童，即便是怀孕、生产的女性，如果内心不能应对身体的变化，她们在这方面也会失衡。但是，我们每个人都有无法掌握身心发展平衡的时期，这也是人们持续出现低级自我情绪反应的原因。

然而，如果我们能够选择高级自我，现实就会变得美好，人生就会拥有无限可能。

人类的进化和成长是没有界限的，同理，我们的现实也是流动的，是实时变化的。注意并抛弃自己的低级自我，选择高级自我，你的未来就会充满无限的可能。

第 3 章

不同角色的创伤
治愈方式

想要改变生活的不如意，先要了解角色心理学的治愈方法

我们所感到的生活不如意，其实是因为我们基于防御机制而将现实歪曲。而在人们的心底，必然藏着已经不在自己记忆中的最初的儿时创伤。

我们活在这个世上并不是为了感受生活的不幸，而是为了获得快乐，实现一定的目标和使命。

因此，我们总会抱着应该这样、应该那样的想法，尽自己的努力去完成某个目标。

而影响这个过程的，就是我们的防御机制。人们会陷入各种各样的防御机制：在消极的情况下，我们会选择低级自我；在积极的情况下，则会选择高级自我。

而且，在人们内心的每个层面，都有着各自的角色模式。我们只有先了解在内心的某个层面存在着怎样的角色模式，才能找到治愈自己的方法。

因此，了解自己的心理创伤和创伤触发点，尝试寻找适合自己的角色，这样就可以更快、更有效地完成人生任务。

　　基于角色类型来分析生活不幸的解决过程，会让自己感受到自己真正的情感，让自己向真正的爱更进一步，并促成自身的内心成长与治愈。

不被情绪反应所束缚的五个要点

　　我现在就来说一下怎么才能突破防御机制的情绪反应。

　　现实中让自己悲伤或愤怒的事情背后，必然有未能满足的自己的需求。

　　认为自己的需求未能被满足，现实中自己想要的东西总得不到，然后由于这种矛盾，情绪反应就出现了。而且，一些琐碎的诱因的存在，会使我们变得愤怒或悲伤，并陷入这种情绪。

　　因此，我们应该先去注意，再去尝试治愈。这种治愈过程，大致分为以下五点。

1. 注意创伤

　　我们要关注自己的反应。认识到自己因何而做出反应，是认识情绪反应的第一步。

　　产生情绪反应时，我们的思维、身体、感情会很容易陷入混乱状态。而且，我们还会误认为这就是自己，然后陷入更深的悲伤。

　　结果，我们就遇到了"我为什么总是这样""我讨厌这样的人生"的问题。为了避免这种情况，大家请尝试做出一个新的选择。由此，你们会认识到，之前的自己不过是陷入了情绪反应，其背后必然有创伤。

伴随着创伤，我们还会隐藏一些儿时未能被满足的需求，我们也要对这些需求抱有一定的好奇心。

2．注意歪曲的认识等于印象

注意到情绪反应，我们就会注意到隐藏的需求。在这个过程中，我希望大家能注意一下，自己的思维是否在快速地运转。"这样不行""那样不行""这不对""那不对""是自己不好""是别人不好"……当我们陷入这样的判断时，就是被印象束缚了。

3．注意儿时的部分

在陷入不良的判断和被印象束缚之后，会有一个感情爆发的场所。我们一直都很害怕自己触碰那个区域。

但是，那种感情，其实是你儿时的部分在陷入狂乱状态。这种狂乱，并不是现在的你。这一点大家一定要理解。

在这个物质世界中，义务、责任、工作和成就一直是我们现实的象征。

不过，我们也会想到，我们内心追求的其实是平和、幸福、快乐等。这样一来，我们的内外需求就会产生矛盾，这便是我们的苦恼。

而且，在爆发感情后，我们还要探求一个更深层次的自己，并去了解自己的创伤是什么，自己儿时的需求是什么。

4. 理解真实

从现在开始，大家可以去尝试看清创伤，回忆儿时体验，并直面周围的真实。

我们之前会认为，有些事是爸爸不对，或是妈妈不对。也就是认为自己在小时候，一直处在一个不负责的环境里。这个时候，我们应该以成年人的视角来审视自己，寻找发生在儿时的真实情况。

比如，当你的母亲很忙，你每天只能看到她的背影，因此而觉得她不爱搭理你的时候，你就需要以一个成年人的意识来思考了。这样一来，你就会认识到，自己当时的想法有点幼稚了。当时的情况，也可能是自己有很多话想对正在忙的母亲说，最终没能说出来。这可能才是真相。

我们应该从"我没有错"这种不负责任的状态中解脱出来，勇于承担起自己该承担的责任。

5. 接受真实

我们的视角越宽广，就越能理解当与创伤产生联系时，对于真实的现实，我们并不是什么办法也没有的。

以成年人的意识看清现在的自己，我们就会理解，任何事都不是不能解决的。这种真实的现实，任性、不负责任的孩子是看不到的。

　　另外，通过这种方式，我们也可以促使自己接受当时的创伤，并帮助自己在心里将其治愈。

通过角色特征表，把握自己的心理习惯

我之前说过，要治疗心理创伤，就要正确把握自己的状态。所有的人，无论是谁，都会有五种角色，除了表面上显现出来之外，其他的角色也在人看不见的地方混合并起作用。

我们就要把握一下自己的角色现状。

自己到底是一种角色主导，还是多种角色同时作用？这个问题可以通过角色特征表（见后表）来判断。

最简单的确认方法，就是参照角色特征表中的"脑中想法·说话习惯"一栏，思考自己的言行，以此来审视自己平时遇到的问题、苦难，审视自己的说话习惯或思考习惯。此外，利用这个表格，我们也能确认自己的状态。

确认之后，要接受自己的状态。如果觉得自己不能接受，就请接受"自己无法接受"这个事实。

反复进行这样的自我评价，我们面对自己的创伤和本质，就会自然而然地选择高级自我。面向内在的自己，然后做出选择，这样的行动与摆脱防御机制并改变动机是相同的。

自己是谁？自己真正希望的是什么？什么对自己才是最好

的？大家要在解决此类问题的基础上面对内心的自己。此外，我们也要接受自己的不完美。能接受不完美，我们也就会理解带给自己创伤的亲人、朋友的不完美。

角色特征表还可以帮助我们把握他人的角色。通过对方的外在特征和表达习惯，判断对方的角色，可以对我们的交流产生积极的影响。

角色特征表

	分裂型：梦想家	口腔型：被害妄想族	吞噬型：妄想族	控制型：狂想族	刻板型：幻想家
引发创伤的事件	出生前到出生后六个月，被讨厌的孩子	哺乳期到一岁半，被忽视的孩子	自立期、两岁以后，被溺爱的孩子	幼儿期，有条件被爱的孩子	青春期，被严格管教的孩子
	敌意/不安/孤独	不被认同/不被接受	被过度照顾	被背叛/被侮辱	没有爱/对性产生兴趣
身体外在特征	瘦弱/恐惧/关节不灵活/混乱/采润/地冷静/目光空洞/平衡感差	身体瘦弱/双肩无力下垂/眼泪汪汪/地包天/牙齿突出	健壮/微胖/肌肉发达/厚实/娃娃脸/有压迫感/圆溜溜/有安定感	腰很细/肩膀突出/具有支配性和挑衅意味的目光/发际线呈M型/额头突出	身材好/匀称/骨盆固定不动/动作不自然/追求完美
混乱模式	不了解问题是什么	不知道怎么办才好	不知道自己真正想做什么	不知道该信什么	不了解什么才是正确的行动

续表

	分裂型：梦想家	口腔型：被害妄想族	吞噬型：妄想族	控制型：狂想族	刻板型：幻想家
	出生前到出生后六个月，被讨厌的孩子	哺乳期到一岁半，被忽视的孩子	自立期，两岁以后，被溺爱的孩子	幼儿期，有条件被爱/溺爱的孩子	青春期，被严格管教的孩子
交流方式	不该在这里/即使有人跟自己说话，自己也不太愿意听	语速/眼睛充满欲望/邮件很长/打电话时间很长	经常笑嘻嘻的/别人拜托的事会一点儿不落地做/举一反三比较多	掌握聊天的主动权/秘密主义/指挥别人/喜欢组建小团体	平时很认真/害怕突发变化/不会随机应变
性格模式	有梦想，但无法实现，(结果)总是犹豫	表现出的态度与心里想的相反，(结果)想要的总是要不到	不知道自己想做什么，(结果)没有行动	总是觉得自己是错的，没有自信，(结果)不信他人，也不信自己	不了解自己和他人的感情，(结果)有现实感
脑中想法·说话习惯	世界很危险/不喜欢这里/我不该待在这地方/不想在这里	我果然不行/我要是那个人就好了/我不行的明明不行，还是要努力……不行!不行!	必须……(栖柱)，可是有点儿麻烦，但是必须得做，可是有点麻烦啊!(无限循环)	别人怎么说我，就怎么说我/我没错，绝对没错	认真/可以，是……必须无错误
面具的态度	在被你悠前，我先拒绝你	我没有什么要求，也没什么需求/必须感谢	你高兴我就高兴/伤害别人之前也会伤害自己	我是对的/请相信我	什么问题也没有/没有什么必要的/我可以

续表

	分裂型：梦想家	口腔型：被害妄想症	吞噬型：妄想症	控制型：狂想症	刻板型：幻想家
	出生前到出生后六个月，被忽视的孩子	哺乳期到一岁半，被忽视的孩子	自立期，两岁以后，被溺爱的孩子	幼儿期，有条件被爱的孩子	青春期，被严格管教的孩子
低级自我的想法	你应该消失／你不应该存在	你来照顾我，是你的义务	我会让你难堪，有本事你气我啊	我是特别的／我是对的，你是错的	我不会爱
防御机制可能造成的未来的情况	经常搬家／经常有不幸降临／无页／认知障碍	即便人生能高开，最终也会低走／容易变得抑郁／依赖体质	总是先考虑别人的快乐／易怒，急→焦虑→被骗／自虐→自责，喜欢宅／后会生气／易得癌症／脑出血	精力耗尽／高血压／中风／PTSD（创伤后应激障碍）	每天一成不变／没有爱的生活／怕全森综合征／洁癖
高级自我（良心）	存在是我的权利／我也要生活／"认识此地""此时"	充分接受自己，能够满足自己／我会原谅自己／我有满足／想去爱	我是自由的，我需要表现	我会认同别人／相信别人／我会放手	我会爱／我会献身
本质（高级自我核心特质）	有创造力、想象力／有超越别人的能力／直觉强／有梦想	温柔、慈爱／感受细腻／天生的教育者／明快	开放、开阔的心理／解他人的难处／有创造力／喜欢快乐的事／忍耐力强／勤勉	清高、诚实、期待有正确的价值观／高度理智／博爱／性／温柔稳重／博爱	热情／有领导力／有冒险心／有秩序／献身／忍耐力强／目标明晰
关键词	安心、安全	被满足、被认同	自由表现	信赖	能感受到爱和感情

通过内心图来了解你的心理创伤

现在大家可以依据自己的内心状态，在内心图（见后图）上找到自己的位置。如果能结合角色特征表灵活运用的话，我们就可以对这个问题进一步确认了。

什么也感觉不到，什么也想不出来——这是面具区域。

经常有消极想法，一些事情在脑中反复出现，陷入思考——这是印象区域。

总觉得自己不好，或这个社会和他人不好——这是判断区域。

感情用事，时而愤怒，时而悲伤，无法控制——这是儿时意识的低级自我区域。

那个时候，没有人帮助我（我希望有人帮助我）——这是虚假需求区域。

"自己无法做什么""其他人不帮忙，自己什么也做不了"，当接受了这种自己什么也做不了的事实（含外部环境因素）时，人们便注意到了自己的隐藏需求。

在了解了自己在内心图所处的位置之后，下一件事就是学习

帮助自己成长的方法。在自己的真正需求被满足之后，我们便接
受了内心的本质，进而可以将我们的现实变得完全不一样。

不同角色的陷阱

　　每个人都拥有五种角色，也都拥有对应的优点和缺点，但人
们却有着各自的防御机制。我们需要了解，到底是什么原因让我
们陷入了内心图中的防御机制，这样可以有效帮助我们认识、了
解、接受自己。

　　刻板型的防御机制，会在面具区域加强。

　　控制型的防御机制，会在印象区域加强。

　　忍吞型的防御机制，会在判断区域加强。

　　口腔型的防御机制，会在儿时意识的低级自我 [只能选择一
个（分离）→哪一个也不能选] 区域加强。

　　如果分裂型的防御机制太强，人就会陷入心理创伤，无法应
对现实。

内心图

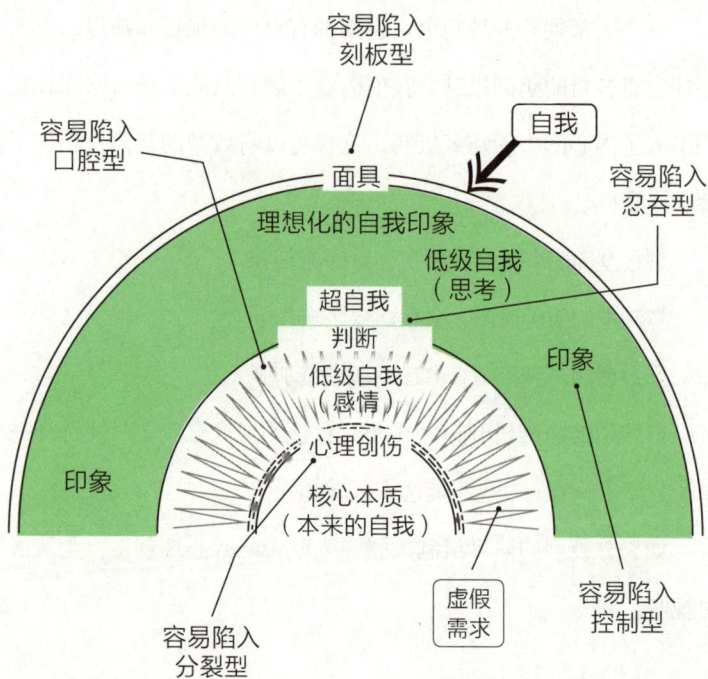

容易陷入
刻板型

容易陷入
口腔型

自我

面具

容易陷入
忍吞型

理想化的自我印象

低级自我
（思考）

超自我

判断

印象

低级自我
（感情）

印象

心理创伤

核心本质
（本来的自我）

虚假
需求

容易陷入
控制型

容易陷入
分裂型

内心图详解

内心图区域	状态
面具	· 我们创造的外在的自己、理想的自己 · 面对现实中发生的事，只会接受某种理想状态，并对现实进行假设 ※ 面具与本质相似。但是，人的本质代表一种真正的快乐，而面具只是人们针对某件事自认为没有关系而伪造的假象。 ※ 人的本质代表真正的爱，面具则代表成长过程中歪曲的、被误解的爱。同样，人们也会伪造一种爱的假象。 ※ 我们每个人都会为了生存创造一个与真正的自己不太一样的面具。而且，有些人会误认为面具就是本来的自己，或者面具是生活的目的。因此，现实就会变得不如意。
印象	· 我们对之前人生的见闻 · 支撑着形成面具（理想的自我）的自我印象 · 对世界有一种歪曲的感觉和想法，坚信世界就应该是这样的 ※ 我们总会选择一种与印象相关联的生活方式。而且，我们还会被这种印象"囚禁"，并失去本来的自己。一旦我们意识到这一点，我们就必须向外眺望（审视）。 ※ 印象分为妨碍性印象和非妨碍性印象。 ※ 妨碍性印象会让人产生"我不行""无论怎么做都不会变好"的想法。而非妨碍性印象会让人产生"事情一定会从现在开始变好"的积极想法。 ※ 积极印象对人的生活是有好处的，但它对治愈创伤是不必要的。在找回真正的自己的过程中，人们会注意到自己真实的能力。

内心图区域	状态
超自我判断	· 接近身体反应，是无意识发出的危险信号 · 儿时父母给予自己的警告与抑制 · 内在化的父母的话 · 因为与身体反应同化而无意识地管理我们的行动 ※ 超自我判断是以父母的警告为基础的，因此听到的时候会感到不愉快。"你是个笨蛋""你肯定不行"这样的话，可以瞬间终止我们的行动。其应对方法只有一种，那就是不要信这种话。我们不要做出判断，要给予自己爱。 ※ 为了不去相信这种判断，可以尝试对自己说些鼓励的话，比如"我是被爱的""我不对自己说这些不好吗"等。
低级自我（感情）	· 儿时感受到的无论如何也不行的感觉 · 感情感觉 · 低级自我 ※ 这种感情是在什么都不能做的孩童时期形成的。创伤背后必然有这种感情。
核心本质	· 真正的自己的优秀本质，本来的自己。

心理创伤治愈方法的具体案例

刚才我们讨论了创伤治愈的过程，接下来我们说说创伤治愈的方法。

以下是我的一个客户在遭遇创伤之后的治愈过程。

A小姐：记不住他人的样貌，甚至连恋人的模样都记不住。

A小姐不善于记忆他人的样貌，就连男朋友的长相也不太能记得清。而她则想着"我不看颜值""我看中的是心灵而不是脸"，自己也没有在意。

但是，后来她总是不解自己为什么会喜欢某个人，最终经历了好几次分手。

对方越是爱自己，她越是觉得自己不喜欢去观察人的外貌。最后，明明不是因为外貌而喜欢一个人，但始终觉得讨厌，不愿意去看他的脸。她对此感到不可思议。

治愈过程

对A小姐的治愈大致分为以下几步：

注意创伤：A小姐对自己儿时所受的创伤也很好奇，她回忆起，自己小的时候经常被父亲抱着。当时，父亲托着A小姐腋下将其抱起，但是因为父亲吸烟，身上有烟味，她想也不想就把脸转了过去。

注意儿时的部分：对父亲的爱和对烟草的厌恶，两种感觉同时存在，其内心产生了极大的矛盾。

理解真实：为了治愈这种创伤，A小姐有必要把"对烟草的厌恶"和"对父亲的爱"分离开。在做到了这一点之后，A小姐不会再忘记恋人的样子，也不会对喜欢的人假装爱答不理。

接受真实：另外，在我工作的时候，A小姐一直是烟不离手。她对此也很烦恼。实际上，她有一种误解：我不能觉得父亲很讨厌，我也得像父亲那样。所以，她也开始吸烟，变得和父亲一样。但在接受了现实之后，A小姐很快就把烟戒掉了。

不同角色的治愈方程式

现在大家已经了解了角色对应的防御机制，那么接下来我就介绍一下，各种角色容易陷入的状态和其治愈方法。

每种角色，都有一个治愈方程式。

因此，我想通过我的一些具体事例，来说明一下。

刻板型的治愈方程式：消灭面具，感受感情

允许各种感情存在并用心感受＋摆脱刻板＋允许冲动＝（理想状态）充满热情和爱的领导者

刻板型的人，在允许感情存在，并摘掉面具之后，可以找到一个具有领导能力的真正的自己。

戴着面具是无法理解自身的感觉的。即便是自己想要主动探究自己的感觉，我们得到的也只是思考的过程，而非真正的感觉。

我可以说一下戴着面具是一种怎样的感觉。

年轻的时候，跟我交往了五六年的男朋友出轨了。

有一次，我在街上碰到了他和他的女朋友，然后他的女朋友对我恶语相向。那个时候，我的脑子里满是疑问：为什么这个人对我说这么难听的话呢？于是我平静地问了她一句："为什么对我说这些话？"那个时候我什么也感受不到，脑子一片空白。而且，即便在那种情况下，我也能保持镇定。

那个时候，我的口头禅就是"有话就直说吧，我会改的"。这是刻板型迅速发展的一个时期。

在跟朋友说了这件事之后，我朋友很生气地说："那个人太没礼貌了！"

　　见此情形，我也觉得，那个时候自己应该生气的。同时，我的眼泪夺眶而出。我为了让自己讨厌的人开心，被骂了也没有反击，对这样的自己应该感到后悔吗？这个问题我不知道，但我当时依然哭了。

　　这可能是我第一次突破固执的外壳，进入自己的内心。但是，从那以后又过了很久，我才找回愤怒的感觉。

我有爱

热情

献身

有领导力

忍耐

明晰

有冒险心

遵守秩序

刻板型

那个时候，我已结婚生子，孩子一岁多。

有一天我们走在街上，孩子摇摇晃晃地在前面走着，我在后面跟着。这时，一辆自行车从我们身边行驶了过去。

当时我的孩子跟跄着靠近那辆自行车，骑自行车的人喊了一句："危险！"然后用犀利的目光瞪着我们，扬长而去，仿佛在说："你在干什么？好好看路！"我和孩子都被吓得不敢动，我的脑中还在想："干吗要这样呢？"这就是面具的特征。

回到家后，我抱起孩子，说了一句"刚才好危险啊"之后，心中突然升起一丛怒火。然后，我的身体一直颤抖，感到后怕，接着哭了起来。同时，对骑车人的愤怒涌上心头。这个时候，事情已经过去了半个小时，那个人已然不在我面前。但我非常后悔自己没有当面对他生气。

去除面具后，从事情发生到情感产生（即感受到自身情感）的时间逐渐变短。首先，我们要认识到自己到底是何种情感，然后再去用心体会这种情感。

如果我们能感受到自己的刻板型特征表现得很明显，并感觉到这就是不如意产生的原因，我们就要想到，自己可能是戴上面具了。

我们要允许自己产生感情。不需要再纠结什么，允许自己有一些冲动，允许自己感受情感，消除虚伪的自己（面具）。

控制型的治愈方程式：不要再反复思考

意识到自己的平凡 + 抑制脑中的想法 + 摆脱控制

欲 =（理想状态）信赖自己、信赖他人、信赖世界

控制型的人容易反复思考，是因为现在发生的事唤起了人们对于另外一件事的完全不同的记忆。一个人从出生到现在的所见所闻，以及所学的知识，都会对人产生束缚。

控制型的人一旦陷入反复思考，无数的记忆就会在眼前重现，并引发一系列对应的印象，之后这些人就会认为某些人对某些事的思考方法不对。随着各种印象的发展，其背后一定有一种原型。

这些原型，诸如我们读过的绘本，或者喜欢的英雄故事、漫画等，会形成一些我们经常采用的模式。

我们的印象像气泡一样浮在表面，即使消失了，那也不是本质。而基于对印象的信念采取的行动，与现实当中所发生的事是没有关系的，当然也是错的。因为这种错误行动的持续，现实就会变得混乱。

印象的展开到底是什么样的呢？我通过我的个人体验来向大

家说明，之前我就曾有过被印象完全束缚的经历。

我的孩子还不满一岁的时候，为了给孩子哺乳，我跟我丈夫分房睡。

一天早上起床后，我突然发现，门口丈夫的鞋不见了。

看到这个，我心中的印象便开始展开：

> 没有鞋子→昨晚肯定喝酒去了→酒馆里应该会有漂亮的女子→他喝多了，女孩依偎在他的怀里→他出轨→两人去了酒店开房→我们会离婚→绝对得离婚→但我没有钱→我可以买彩票→但肯定中不了

这样的印象与思考，一旦展开，就停不下来。

我正想着，背后的门突然打开，刚刚起床的丈夫走过来，对我说了一声"早上好"。然后我打开鞋柜一看，他的鞋就在里面。

由此，我开始注意到，我被我的印象束缚了，因而会产生"丈夫出轨""丈夫不爱我"这种不幸的假设。我很庆幸自己及时注意到了这件事，没有因为一些不正确的印象而采取行动。

把心中的印象当作现实，并基于这种思维行动，这就等同于给自己创设一个不幸的情境。这种行为，容易使人被五种角色中的控制型所束缚。

我信任他人
我不好胜

率直

清高且诚实

知性

展示出正确
的价值观

大气

温柔稳重

控制型

忍吞型的治愈方程式：坚持自爱，不屈服于判断

有限度＋确保自己的方式＋自己表现＝（理想状

态）充满艺术性和自由的人

当一个人表现出忍吞型的时候，其判断起着明显的作用。

我曾经也有过忍吞型比较强的时期。那个时候，我不知道自己想做什么，根本无法为了自己而生活。

那时的我，总认为让别人开心才是自己的生存之道。我觉得我的价值存在于为别人做事的过程中，我必须是大公无私的。

因此，只要是为了自己而做的事情，我都觉得非常不对。

这其中也包括我在美国学到的东西：要为了自己做一些事。

我当时组建了家庭，还有了孩子，为了自己做一些事对我来说是一种禁忌。因此，从做出决定到付诸行动，我需要很多时间。后来，我决定允许自己为自己着想，并学习布伦南女士的理论。

某天上课的时候，我们进行了非常有趣的冥想活动。

在冥想的过程中，我看到了一束碧绿色的光，我很好奇那束光是什么，于是便去伸手触摸。

就在即将碰到的那一瞬间，有东西掉下来了。

这时我的眼前变得一片黑暗，仿佛坠入了某个深渊，身体也开始发抖。

我那个时候并不知道发生了什么，后来我才知道，那是我心中禁忌（判断）产生作用的结果。

所谓判断，就是指**对自己过于严厉，不放过自己，是内在化**

的错误权威。

　　这种权威是很恐怖的。自己不仅不能做自己想做的事，还会因此耗光精力。

　　屈服于判断的结果，就是会让自己觉得，即便是为了自己想做的事倾尽全力也无济于事。我就被这样的判断束缚过。而且，就算是自己已经开始做了，外部的干涉、意想不到的阻碍、他人对我的中伤和消极竞争等，都在现实中出现。

　　为了解决这种问题，我采取的方式是自爱。

　　也就是说，爱自己比爱其他任何人或物都重要。

　　我先是分析了一下身边可能会爱我的人，然后我便为了得到他们的爱而努力。无论是父母、丈夫、朋友、儿子，还是宠物，只要是能够爱我的人或物，我都会去努力。

　　我会把这种无条件的爱都汲取过来，之后，冰冷僵硬的身体会感到温暖，进而放松下来。

　　这样一来，被无条件的爱满足的我，也有了让这种爱持续下去的能力。也就是说，在现实中，我也可以向着我真正想做的事而努力了。

　　如果你也是这种忍吞型，你也可以尝试关心自己，感受周围的爱，并试着表现自我。

我是自由的，
可以随意表现

喜欢开心的事

外向，心大

有同情心

有创造力

能够忍耐

能理解他人
的难处

勤勉

忍吞型

口腔型的治愈方程式：别再认为谁也不理解你，主动寻求支持

自立＋接受＋自行满足自己的需求＝（理想状态）

充满好奇心的天生教育者

面具之于刻板型，印象之于控制型，判断之于忍吞型，每种
角色类型都有一种对应的状态，而口腔型的人，陷入的是低级自
我的矛盾。他们总会有一种想得到却得不到，想去做但不喜欢做

的二元性冲突。

　　他们有很多想去的地方，有很多想做的事情，但对于实现的过程，总会觉得十分麻烦，然后他们便陷入了低级自我，在两个极端之间来回摇摆。其原因就是他们无法自主做出决定。

　　低级自我始于儿时的情感。也就是说，儿时无法自主做决定的状态，延续到了成年时期。对这种状态感到麻木后，其他人便会对自己指指点点，告诉自己应该怎样做，虽然自己一直服从，但心里很不满。抑或是某件事有着一些让自己在一开始就选择放弃的难题，这些都是低级自我的矛盾。

　　低级自我经常会欺骗我们，这就是低级自我的陷阱。

　　针对口腔型的陷阱，我来举两个例子。

　　B先生是典型的口腔型，经常觉得自己很可怜，然后便来找我咨询。

　　B先生在小的时候，其母亲经常在他睡前读故事。

　　平时都是B先生选择读物，然后让母亲来读，有一次他选择了《卖火柴的小女孩》，读完之后，母亲竟然哭了。

　　第二天，B先生选择了《弗兰德斯的狗》，母亲读完之后又哭了。B先生吓了一跳，但同时他觉得母亲似乎很喜欢"可怜的自己"，于是他便开始试图引导母亲哭泣来博取同情。因此他产生了一种误解：平时母亲很忙，没时间搭理自己，但只要自己表现出很可怜的样子，母亲就会为自己而哭泣！

拥有这种印象的B先生，在此后的生活中，总是会遇到各种各样的不如意，工作中还会被委派一些索赔的任务。尽管不喜欢，但他还是装成没事人的样子，苦苦忍耐。而这，就是人们陷入口腔型陷阱的典型例子。

这里我也说一下我自己的事情。

之前有一段时间，我曾经想寻求别人的帮助，但始终得不到，这样的两种极端一直在困扰着我。

因此，我在与丈夫的相处中，遇到了很多问题。但那时候，我总是觉得，即便我说了，对方也不会听，在交流的时候，心中尽是不满。

而对方也很不理解我为什么这么生气，因此会觉得我冷淡且没礼貌。对于他的态度，我也很绝望，总是在想：为什么你都不理解我啊？这样的循环便开始了。

而且，当他问我为什么不说话时，我总会说："我说的话你从来不听，以前也是这样。"然后把以前的事情都翻了出来。

对于我这种把许久之前的事拿出来再说一遍的行为，他也无言以对，同时感到不知道说什么好，之后陷入沉默。

最后，我趴在床上大哭，无可奈何的他只好转身出门。

那时的我就是一个具有口腔型特征的"灰姑娘"。在这种状态下，我经常自己一个人在家中，感到被抛弃，趴在床上，呼吸急促，这种想死但死不了的感觉一直在困扰着我。

我可以接受一切，并感到充实

温柔

希望自己能够爱别人

慈爱

我会原谅你

感受细腻

我有满足自己需求的权利

天生的教育者

口腔型

在注意到这种模式之后，我开始寻找解决办法。我会想：这是一种情绪反应，然后就有针对性地寻求帮助。

这里我们必须注意，在情绪反应发生时，我们不要向当时与我们在一起的人求助。因为即便向他们求助，我们也只会让同样的事情再发生一次。

我们需要求助的，应该是朋友或心理治疗师等，抑或是我们的宠物狗或宠物猫。

总之，我们应该向自己以外的人或物伸出手，去感受他们的温度，为了寻求他人的帮助而打开自己的内心。这样一来，我们就不需要独自一人躺在床上哭泣了。

为了摆脱低级自我的矛盾，寻求帮助和寻求支持是非常重要的。之后，我们就可以尝试让我们和某人的关系恢复正常。

口腔型的人，在陷入低级自我的矛盾后，会断绝与他人的关系，将自己封闭起来，并将责任推给对方。

不过，我们要注意，我们和他人的矛盾全都源自我们的内心。而且，当我们数次陷入低级自我之后，必然会遭受心理创伤。在口腔型的创伤治愈之前，可怜的灰姑娘的故事会一直继续下去。

分裂型的治愈方程式：感受这个世界

安心 ＋ 安全 ＋ 感受 ＝（理想状态）脚踏实地、富有创造性

分裂型是刚出生后不久所受的心理创伤形成的。要治愈分裂型的创伤，我们必须针对内心的分离意识，即和谁都合不来，不得不把自己隔离开来的恐惧。

在内心深处，距离这种创伤越近，分离的意识越强。也就是

说，越靠近这种创伤，我们的极端二元性就越强，非你即我，非生即死。这是分裂型的常见模式。

想要摆脱这种极端矛盾的束缚，我们必须知道一件事：**创伤之下必然隐藏着一种叫本质的宝物。**

比如之前我和男朋友吵架，他对我说"我们分手吧"，然后我眼泪都快哭干了。

等我哭累了，我就觉得，我不想再待在这里了，我的生活没有价值，也没有什么解决办法。在这种意识下，我甚至有了一死了之的想法。当时我极端地认为，如果我死了，这件事情和其他任何人就都与我没有关系了，只要我不在这里，一切都会变好。

这是分裂型的防御机制。当时，我受到巨大刺激之后，周围仿佛被雾气笼罩，我感觉不到自己的身体，等反应过来，我感觉自己好像掉进了海里。

如果能意识到自己有这种极端的思想和行为，大家要知道，这是一种分裂型的创伤。**我们要在一个安全的场所去尝试感觉自己的身体。**

而我的做法是，先去大吃一顿，或者先洗个澡，总之先让身体动起来。然后如果周围有认识的人在我身边，我会去触碰他，感受他的温度，以此来修正我与世界及我与自己的关系。

口腔型的人会与他人切断关系，而分裂型的人切断的是自己与自己的联系。

当我们陷入极端的分离状态时，我们要在此构筑自己与自己的联系。

我们不需要因为失恋而寻死觅活，也不需要因事情不顺利而逃离某个场所，我们要记住，世界比我们想象的要好。

我的存在是我的
权利，我是实体，
我现在就在这里

富有创造力和
想象力

心怀梦想

有超越其他人
的能力和直觉

分裂型

专栏：了解自己的角色特征之后——治愈的技巧与过程

认识并把握自己的角色特征是治愈创伤必不可少的过程。可是，在这个过程中，很多人会被情绪反应所困扰。

如果说了解自己的角色特征是第一阶段的话，那么第二阶段则必然是在不被情绪反应所束缚的前提下治愈创伤。在角色心理学中，是存在着这种技巧与过程的。

全都说明的话会很难，我就简要概括一下。

注意创伤与意图的两个技巧

五种角色都是以连自己都忘记的创伤为基础产生的，但同时，产生创伤的过程拥有一定的意图。所谓意图，就是我们在行动之前，内心深处所做的决定。在五种角色的防御机制的根源处，必然有意图存在。

治愈特定类型的角色，注意创伤和意图是很重要的，但是这种创伤是在儿时形成的，人们对于对应的事件已经没有印象了。而唤醒这种被遗忘的过去的最有效方式，就是自我提醒技巧。在使用自我提醒技巧时，我们可以分解隐藏在现实的不如意之下的情绪反应，并帮助自己发现与此相关的一些过去的事（创伤）。

接下来是意图。我们的各种开心与不幸，都是由意图的层次来决定的，这一点大家要知道。

在日常生活中，很少有人能够注意到自己的意图。

但意图有着固定人生方向的作用。自己之前选择的方向都是如此被确定下来的。**一个消极的意图会让人持续处在不幸的境遇中。**

我们要注意自己的消极意图，并将其替换成自己的积极意图。

有效的方法之一便是**自我转换技巧**。这也是一种在构筑自我轴心意图层面的个人技巧。

理解和接受创伤的两个层次

当我们开始治愈自己的时候，我们可能要数次回到过去的一些情景中。当我们遇到这种情况时，就会有一种"又是这样""怎么才能改变"的绝望的想法。而且，当我们重回记忆中受到心理创伤的状况里时，现实中也会发生一些不愉快的事情。

一些人会觉得自己本应该解决这些，但总是重蹈覆辙，因而觉得自己不行。

这个时候，人们就会碰壁。我们不知道自己该怎么做才能解决这些问题，也不知道这种状况要持续到什么时候。

这种过程什么时候能结束？如果要我回答，我会说：它不会结束。

自我治愈的过程是从我们出生时就开始的，只要我们活着，就不会结束。

这里我们要了解一点：一些混乱的事件在现实中发生，是因为有些东西我们还不理解。

在这种混乱的状况下，我们该怎样进行更好的自我治愈呢？这分成了两种层次，在内心图中，这两种层次都适用。下面我就来说明一下。

层次一：注意

发生了什么？自己在做什么？我们要注意一下，自己此时所处的情境。

我们要明白，自己陷入了思考型情绪反应，或者被印象束缚了。

然后，我们还要注意自己内心的判断与要求。

这个阶段就是要我们对自己的外部世界进行评价，判断好坏，并要求自己采取相应的做法。

想要注意到我们的要求，就要把我们的目光投向那里。在受到心理创伤时，我们的内心会提出要求。与这些要求相对应的，我们自身会做出或好或坏的判断。

这种内心的矛盾会创造一种现实。我们内心的想法与权威之间的关系，在此时会在现实中得到体现。

内部的矛盾会创造外部的现实。只要我们能注意到我们对一些事的判断，之后我们就可以进入层次二了。

层次二：理解自己，用真实认识代替误解

步骤一：理解自己的感情。

步骤二：理解发生的事，敞开自己，理解自己。

想要做到理解，就要先了解我们深层心理的五个领域（身体感觉、感情感觉、精神思考、灵魂、精力），并要在所有的五个领域中敞开自己，理解所发生的事情。

注意，要先理解，再进入更深的领域。

人们或许会认为，这个过程是痛苦的，是没有尽头的，但其实它包含很多乐趣与深层次意义。抱着好奇心，探索深层次的自己，我们就会得到无穷无尽的创造力。

而且，这才是人的本质。

层次一帮助你注意；层次二帮助你理解并消除误解，接受现实。如此反复，我们就可以了解自己。通过这个过程，我们能够体会到内心长大的感觉。

内心世界与外部世界的关系

外部世界

印象

判断

印象

印象

低级自我
儿时记忆
创伤

感知现实
世界的窗口

身体感觉

感情感觉

混乱

精力

精神
思考

灵魂

内部世界

本质·自我

了解深层心理的五个领域的创伤

前面我已经介绍了，我们应该运用自己的内心来判断自己在防御机制层次中的位置。

同时我也说过，在我们的深层心理，存在着五个领域（**身体感觉、感情感觉、精神思考、灵魂、精力**），这五个领域内包含着原本的自己所拥有的感觉，以及开启自身其他可能性的窗口。这些理论比较高级，不过我还是想简单介绍一下。

内心图的面具、印象、判断、低级自我、创伤，这五个层次其实都是虚伪的自己。当我们试图治愈虚伪的自己，进入自身内部的时候，我们便开始了发现误解的过程。而且，**如果我们能修正自身的歪曲感觉，那么我们的现实也会变得更好**。深层心理五个领域的混乱都源于内部与外部的偏差。在内部的感觉向现实敞开之后，我们就能将自我统合起来。由此，就能向人生中的所有可能性敞开自己的大门。

人们为了将自我统合，会一直在现实当中努力地去解决内心五个领域的混乱，这个过程会持续很久，但是始终解决不了。

这是为什么呢？我认为是因为我们始终不理解自己的深层心

理。对于治愈全部五个领域的心理创伤，我们确实需要先去了解其中一个，但是我们对于这些的意识依旧是混乱的，因而达不到统合的目的。我们的心理迟迟无法成熟。

要了解五个领域中的身体领域，我们需要进入自己的身体，了解一下我们的身体发生了什么事。身体是否很紧张，身体的意识发展到了什么程度，到底有没有意识，以及某些事情发生的原因等。

要了解情感领域，我们需要知道自己在某一瞬间是何种感觉，拥有何种情感。情感并不只有一种，在任何时候，我们都会拥有消极情感和积极情感，或者还会有一些从自身本质中产生的感觉。我们不仅要去理解这些，而且要允许自己拥有这种两面性。

在精神领域，我们要去注意，以一个孩子的意识，是无法理解现实世界所发生的事情的原因的，它只会造成误解。

如果人们缺乏对心灵领域的理解，那么，当我们失去所爱的人，体会到真切的悲痛时，我们就不会知晓其原因。而且，这样的不理解（诸如，不理解为什么事故一定要发生在那个孩子身上，为什么我会失去孩子，等等）还会让自己觉得是自己做得不够，进而陷入自责。这样做的话，我们就重新回到层次 了。

对精力的理解是绝对必要的

此外，理解自己的精力也是很有必要的。

　　心理创伤不是由我们自己一个人造成的，而是在与其他人或事物的关系中形成的。这种关系不是指你与你相处的人之间的关系，而是与自己有关的全部的人和环境之间的关系。

　　理解在关系中所发生的事情，了解这些事情是如何影响我们的内在能量和能量的运动模式后，我们就能了解事情一成不变、反复形成相同现实的原因。

　　就像海的波浪一直在变化一样，人的精力在外界干涉之下也会发生变化。比如说，你往海里扔一块石头，会在海面激起波纹。但是，如果一个人的反应形式变得单一，这说明本来自由活动的精力，其活动性质发生了变化。

第 **4** 章

针对"无论如何都
不会变好"的处方

生活的不如意其实就是进步的窗口

人生的道路不是一直平坦的。

比如说，在第一次性别特征期和第二次性别特征期，人们的荷尔蒙平衡会发生变化；女性在怀孕和生产的时候，荷尔蒙平衡的变化会引发其他变化。生病、入学、毕业、就职、晋升、结婚等，都是如此。

人生就像海的变动一样，没有哪个时候与之前完全相同。

但不知从什么时候起，我们产生了一些误解。我们会认为平稳就是自己想要的幸福，爱能帮助自己解决一切，只要有爱就万事大吉。

这些误解都源于自身的恐惧。

恐惧是指自己在看到世界和他人之后，对自己的内心和外部产生不安，由此而产生的误解。这种误解，会让人觉得，稳稳当当的生活就是安全的，这也是一种对安全的误解。

当处于误解中时，我们会感觉到困难，有一种闭塞感，并试图逃离，产生一种无事便是福的想法。但是，人处于自由变化的状态才是最正确的，一成不变只能让自身感到闭塞。

因此，如果你感到自己现在正在苦苦挣扎的话，你就要想一想，**自己可能是停滞不前了**。

当一个人被情绪反应束缚的时候，人生便处在一种停滞状态，就好像飞机停在停机坪上一样。想要改变这种一成不变的情况，我们就需要一股巨大的力量。

如果我们以寻求真正的变化为目标，并打算尝试新的挑战，前往新阶段的话，最初的一步是最需要精力的。

飞机从地面到天空，起飞的一瞬间所需的能量最多。飞机飞向天空后，只需要一些能量来保持飞行的惯性，并稍微调整一下方向就可以持续前行了。

我们基于自己的误解，在面对某些人和事的时候，会产生情绪反应，这些情绪反应的模式大致形同，且它们会改变现实。因此，情绪反应并非一无是处，也不是所有要求自身正当性的自我行动都是消极的。

只是，我们要在现实的不如意中，对拥有情绪反应的自身加强注意。

现实的不如意之下，必然隐藏着心理创伤，以及一些未能被满足的需求，而在此之下，有一种叫作本质的宝藏。能够找回自己的本质，我们的好运就会降临，我们人生的飞机也会顺利起飞。

对于烦恼和现实的不如意，每个人都有各自的解决办法

当自己不希望发生的事情发生时，我们的心情就会变得特别糟糕。

但是我们要知道，如果无法感受这种糟糕的心情，我们会一直停留在原地。

我们要将这种糟糕的心情当作人生的朋友，主动感受它。之后，我们还要想想，应该怎样感受自己糟糕的心情，以及到底要不要摆脱这种感觉。

发生在身体上的感受，即便你想摆脱，也是摆脱不了的。比如，当身体受伤时，我们会感到疼痛，这个时候，即便是我们强行让自己感觉不到疼，疼痛本身是不会改变的。而且，如果不能及时处理疼痛之处，这种感觉还会加深。糟糕的心情，大家要主动接受。

自己的心情是否不好？创伤是什么？自己能否处理？需不需要包扎或药物？需不需要关爱？这些问题，我们一定要去了解。如果你曾对这些糟糕的心情视而不见，并试图逃避，那么面对这

些不好的事情可能会令你非常恐惧。

确实，对一些人来说，这种感觉像是失去一切，又像是某些东西崩坏了，感觉非常恐怖（当然这些恐怖是幻想出来的）。面向自己的内心，做自己没有做过的事，是非常需要勇气的。

而且，当我们面向自己不想了解的现实时，我们还需要爱。

为了了解真实，我们或许需要面对自己不想看或不想知道的现实，也可能需要直面不知如何治愈自己的残酷情境。而且，在面对一些似乎是无法应对的强大力量时，我们也要看到一个无计可施、苦苦挣扎的自己。这个时候，我们需要爱。

站在爱的旁边，与真实共存，我们想要接受的现实就会进入我们的灵魂深处。正因如此，我们需要用勇气与爱去了解哪些特质对自己是最有利的，哪些特质目前还没有达到一个理想状态。

对于对自己有利的特质，我们要让其进一步发展；而对于尚不理想的特质，我们要耐心培养。这是我们成长过程中初次成熟的标志。

一定要打开封闭的窗户

大家要记住，有些时候我们或许无计可施，或许无论怎么做都会感到绝望，但是，这其中必然有一个方向是行得通的。

每个人到现在，肯定会遇到数次被逼入绝境的严峻状况。但无论怎样，道路一直都是通畅的。

我在刚结婚的时候就是如此封闭自我的。

那时我已怀孕，但婚后的生活并不顺利，随时都有可能离婚，甚至还有早产的危险，那时我每天只能以睡觉来打发时间。

我向父母求助，他们也不愿意帮忙，后来我连钱也没有了。

此后我不再向我熟悉的人（比如父母）求助，而是把目光转向了一些之前没有尝试求助过的人。一些与我不太亲近的朋友对我伸出了援手。

我在十几岁的时候，就对人生感到绝望了，曾经想过早点死了算了，甚至在我35岁的时候，下定决心要一死了之。但命运就是这么不可思议。35岁时我结婚了，36岁时我有了孩子。

虽然我很爱我的儿子，但有时我的内心会闪过一丝恶念。

我在看到儿子的时候是幸福的，但在这幸福之中，我会突然想起我儿时被虐待的场景。而且，因为他爱哭，有时候哭得特别大声，偶尔我的心里会有一些特别不好的想法："烦死人了，闭嘴！""真不想见到他！"

当我有这些想法的时候，自己都感到恐怖，要是不想点办法，或许我的孩子就会像我一样受到伤害。

身边有毫无缺点的丈夫，以及我爱的儿子，可即便如此，我的心理创伤还是没能治愈。我有点儿受打击。

为了不伤害我爱的孩子并治愈自己的心理创伤，我向朋友借了一些心理学书籍，因此接触到了布伦南女士，产生想要学习她的理论的想法。可那个时候的我要看孩子，且自己没有钱，已经变得相对富裕的父母也反对，我陷入了想要行动但行动不了的状况。

可是，那时的我已经注意到，我越是朝着自己想去的方向走，自己的判断力就会变得越强，而且还会感觉到现实非常艰难。

每天，我都会尝试感觉自己的身体和感受，进行新挑战，立志从早到晚学习布伦南女士的理论。在此基础上，我对自己可以做到的事付出了努力。生活中，在看孩子和家庭主妇的工作之外，我与其他想要学习布伦南女士理论的人一起组建了小组，组内经常开会，我自己也做了记录。来自小组的支持就这样一直持续着。

半年之后，我感觉到了变化。

之前什么也没说的丈夫，突然有一天同意让我去美国学习了。

丈夫在工作上得到了一个新的大合同，经济上变得宽裕。而且在我赴美学习期间，之前一直反对的父母也来家里帮我处理家中事务。这个时候，我终于可以朝着自己想去的地方前进了。

不过，有段时间我也怀疑过，这个真的是自己想做的事情吗？

这个时候，我得到了丈夫和父母的支持。由此我便确定，这就是我要走的道路。

当自己可以做想要做的事情，或改变之前的做法做出新的选择的时候，我们需要认同。

认同是指我们可能会失去一些重要的东西，或者放弃一些事情时所做出的愿意牺牲的决定。有了这种认同，我们才能更加坚定地向着我们想去的地方前进，并让自己拥有自信。

亲子关系不好，是因为没有感受到真正的感情

想要求助于角色心理学的人，有相当一部分是受到了亲子关系的困扰。在角色心理学中，确实有一些专门针对子女教育的课程，不过有些人即便尝试过，也没见到什么效果。因此，我想介绍一下针对此类情况的解决办法。

这有一个前提，那就是父母必须爱孩子。如果父母对孩子没有爱，那孩子是没有办法生活下去的。不过，很多爱孩子的父母有一个误区，那就是自己做过的事，孩子也必须去做。

我们无法创造或表现一些自己没有体验过的事情。

因此，我们以能够接受爱的状态去感受某个做法，然后认识到，这就是爱别人的表现，进而将这种方式展现给他人。

而孩子对于眼前的现实并没有任何先入为主的观念，他的状态是全新的，并会对此全盘接受。有些时候，在亲子关系中，一些行为并不是真正的爱。尽管孩子能体会到违和感，他们也会接受这种不正常的爱。

可是，一旦孩子接受了这种不正常的爱，其内心就会产生一种不确定的感觉。

孩子会把这种感觉转化成不安，并尝试向父母倾诉。孩子在不会说话的时候，只能把这种倾诉表达在哭声里，而父母是无法理解的。因此，当孩子哭泣时，父母只会觉得，孩子哭起来很可爱或是很烦。

这个时候，孩子就会感到自己不被理解，他们在被爱的同时也会产生对父母的怨恨。

如果一个孩子不接受父母的关爱，就无法生存下去，这时他们的消极感情（生气）就会被压制在无意识的层次中，爱和怨恨就产生了联系。

这样一来，每当孩子感受父母的爱时，消极情感也会在无意识层次中悄然运作。他们感受到的，不是纯粹的爱，而是一种有些事情不能去做的罪恶感。

孩子感受到的是爱与罪恶感的结合，即既能感觉到爱又能感觉到罪恶感，这与父母置孩子的感受于不顾，并对孩子过度关心是息息相关的。

只要孩子感受不到的感情隐藏在无意识中，他们就无法摆脱这种境遇。自己的内心深处总有一些消极情感，当这些消极情感转化为外在表现的时候，孩子就会同时感觉到爱与罪恶感。

如果孩子能同时接受这两种完全相对的感情，他们可能会拥有选择高级自我的能力。

父母的误解与孩子创伤之间的联系

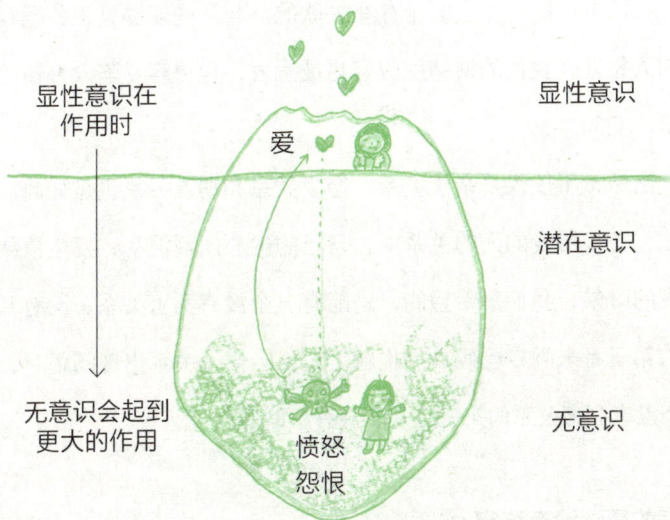

显性意识在
作用时

显性意识

爱

潜在意识

无意识会起到
更大的作用

愤怒
怨恨

无意识

治愈自己也是治愈家庭

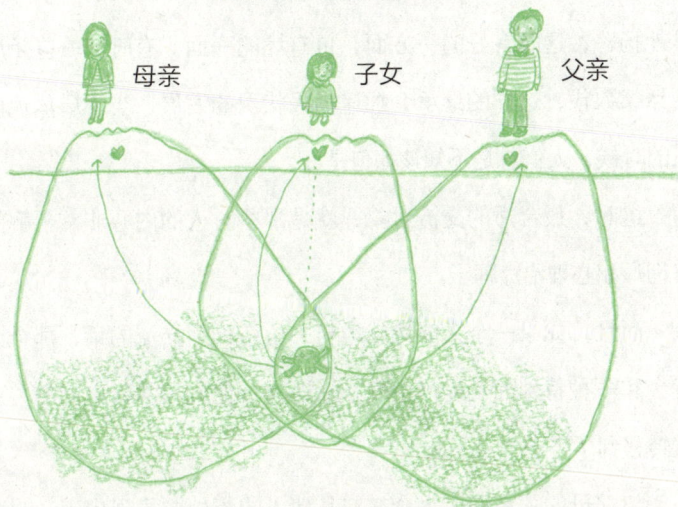

母亲　　　子女　　　父亲

　　这里我们需要注意，亲子关系是相互影响的，一些消极情况与行动方法的完善之间是存在关联的。与一些能够真正关爱我们的人相处，我们的情绪反应容易被触发，也更容易陷入感情的困境。

　　当然，不仅仅是亲子关系，恋爱关系和朋友关系也是如此。因此，在与所爱的人的关系中，自己的内心出现混乱，发生情绪反应的时候，我们最希望的，是能有一个没有利害关系、没有判断的第三者来听自己倾诉。也就是说，**当亲子关系出现问题时，一个没有利害关系的第三者是非常有帮助的。**

家庭的事情没有秘密

　　很多家庭遇到事情时都会力求在内部解决，正所谓"家丑不可外扬"，这既有好的一方面，也有坏的一面。有时，一些矛盾会延续数代，这样的继承会加速消极状况的发展，当矛盾体现出来的时候，人们总是不知该如何是好。

　　这时，最合适的交流对象，就是那些对人的内心非常了解的咨询师和心理治疗师了。

　　而且，如果一个人能持续地与一位咨询师交流的话，那个人就会和一种特殊的关爱产生联系。这样，他们与父母之间的关系就转移到了咨询师身上。

　　与父母的关系性，也会在与其他人的相处中表现出来，当面对咨询师表现出平时状态时，我们就可以冷静地观察处在这种关系中的自己。因此，我建议大家能够联系几个咨询师，来给自己提供心理关爱。

无论如何，自己的问题，一定不要只依靠自己来解决。

我们在生活中与人相处时，还要面临解决相处过程中产生的误解和心理创伤。除了一些信任的人之外，我们也要多认识几个可以和自己交流的人。相信世界是安全的，这是第一步。

通过印象看清现实，朋友、恋人之间总会出现意见不一致

我们儿时在家庭中构筑了基本关系模式，也会尝试在学校和职场当中再次构筑。

如果我们对初始的关系存在误解，那么我们在其他的人际关系中也会遇到阻碍。前文提到，我们会试图将自己的所见所闻在现实中进行重现，这在我们的人际关系中是非常常见的。

也就是说，一旦孩子与家庭的交流不顺畅，基于这样的印象，孩子成年后与朋友或恋人进行交流时，也会出现不顺畅的情况，因此产生一些不好的关系。

大家应该在咖啡馆之类的场所中看到过一些朋友或恋人在聊天时出现一些分歧。这些都是典型的例子。

当朋友与恋人之间产生冲突时，他们的分歧会变得更加显著。但是，我们却时常看不到触发矛盾的事件或原因，总是想着"对方也是这样想的""以前就是这样""自己是不行的"等等，因此会让过去的事情再次发生，抑或是让未来变得和现在一样，进而让自己失去"现实＝此时此地"的思维，与人的交流也变得

困难。

如果你也遇到了与朋友或恋人相处不佳的情况，你就应该想想，自己是不是过度关注自己的印象了。

将印象在现实中进行假设

针对**印象**，我稍作说明。

角色心理学中的印象，不仅有消极的，还有积极的。而且，我们会通过自己的印象来观察外部世界。换句话说，我们会把自己的印象投射到外部世界，来给自己创设某种现实。

如果一个人觉得另一个人讨厌自己，并以这种印象来看待对方，那么他在对方面前也会以"对方讨厌自己"为前提采取行动，这样的话，对方就会与他保持距离。

在恋爱关系中，如果一个人的身边有一些出轨或被出轨的人，那么在面对恋爱对象时，他们会怀疑，对方是不是也会背叛自己。

因此，当一个男人看了其他女人一眼，他的女朋友就会非常生气，并去调查男友的行动。这样会让男方感到很不舒服，甚至导致分手。

把自己的印象当作现实并以此观察世界，我们的生活与现实肯定会变得不如意。

另外，一些积极印象，诸如"我会成功""这样做肯定没有问题"等，最开始不会有什么影响，但随着我们内心的不断成长，这种印象会渐渐消失。原因就在于，本来的你，已经远远超过了你之前所持有的印象。

印象会把一个人局限并封闭在一种狭隘的模式中。

消除印象，避免被印象束缚，是我们一生都需要慎重考虑的事情。

因而，有些人总会与朋友相处不好，与恋人在一起总是出现相同的矛盾等，就是因为自己被印象束缚，并与世界隔离开来。我们现在就应该开始与周围的人一起，去练习感受自己的内心，相信眼前的人。

在与他人交流的时候，我们要记住，印象一定不要表现出来，也不要通过自己的印象与人交流。这是非常重要的。

出现不良的上下级关系，原因在于判断

在学校和职场中，我们会遇到学长、前辈、上司之类的人物。一些人与这类人的关系不太融洽，经常有一些冲突，这个时候，其实是我们对领导者的误解在起作用。这便是内心的权威者的由来。

请你先想一想，对于权威者，你有一种什么样的感觉。

如果你对权威者有一种"那个人真严格""为什么就是不能理解我""任何时候都不接受自己的意见"的想法，你就会把内心对权威的误解投射到这些地位比自己高的人身上，并会对对方产生不好的印象。

我们先要去了解，自己对权威者有一种怎样的感觉和想法。这样，我们就可以注意到自己对上级人物的判断了。

判断就是在我们内心会限制自己的声音。当我们注意到我们对某人正在进行判断时，我们要先倾听一下，自己的内心到底有没有这样的声音，并弄清楚这种声音到底是什么样的。

"你是个蠢货！""你为什么不明白？""你错了！""你认真一点啊！"……这类判断非常具有攻击性。

这种攻击性针对的是内心儿时的自己。如果我们注意到自己的判断是具有攻击性的，我们应该回想一下，自己儿时是不是听到过同样的判断，或者是否像自己想的那样严格要求过自己。然后，如果有这类情况，并确信自己儿时受到过心理创伤的话，我们就要使用成人自我来治愈儿时的创伤。

这里要注意，这样做的目的，绝不只是安慰受伤的儿时部分。

重要的是，我们要看到儿时的误解和认识。也就是说，对于内心的那个因判断而受伤的儿童，我们要去探究为什么我们做了一些过分的事，然后努力摆脱判断的困扰。

而如果只是一味地安慰自己，我们会一直陷入判断中，这一点一定要注意。

判断也不只是严格或刻薄的

判断会作为我们内心的权威而起作用，但根据在童年时期所感受到的父母的态度和行为，得到的可能是扭曲的虚假权威，也可能是神圣的权威。两者的形态是不一样的。虚假权威者分为和蔼的权威者和过于严厉的权威者。

过于严厉的权威者，在日常生活中总是会对孩子进行严格的限制；而和蔼的权威者，无论孩子做什么，他们都会接受，并自己担负起责任。这两种父母（权威者）都无法让孩子学会承担自己的责任。

和蔼的、过于严厉的以及混合型的虚假权威者，在每个人的内心都会存在。而且，和蔼的权威者相比于过于严厉的权威者害人更深。原因就是我们很难让自己摆脱这种和蔼的诱惑。

如果想让自己能够意识到，自己心中和蔼的权威者让自己的现实持续变得不如意，那么我们就要在自己的心中建立一个神圣的权威。

了解了自己内心的权威到底是虚假的还是神圣的之后，我们便可以知晓它是如何影响我们与他人的关系的。

神圣的权威者，给予自己的既不是惩罚也不是放纵，而是力量。

虚假的权威者会将自己内心的权威放在自己的外部，然后等待来自外部的许可；而神圣的权威者则会一直站在真理的一面，并让人们承担起责任。

也就是说，神圣的权威者会让人们在面对现实中遇到的不如意时，能够意识到是自己的责任并基于此采取行动。由于他们的行动都是在自己负责的基础之上，他们总能给周围的人以良好的感觉。无论发生什么事，这些行动都不会产生不良的后果。

而虚假的权威必然会与罪恶感产生联系，罪恶感产生的行动只能形成错误的权威。

神圣的权威者会从真实的自己出发，并主动担负责任，但他们不会产生一种"是我不对,我要负责"的罪恶感。即便是失败了,他们也不会有这种感觉,而是会产生一种正确的后悔感,并且不会重蹈覆辙。

我们必须学会这种神圣权威。

但是,何为神圣,何为虚假?能在两者之间划清界限的人是很少的。尽管如此,我们只要看看我们的周围,或许会看到一些很厉害、很优秀的人。

有意识地去接触这些优秀的人,我们心中的虚假权威就会浮现,并帮助我们意识到其存在。因此,我们必须练习让自己转向神圣权威。

或许人们会觉得这条道路很漫长,没有终点,但如果我们能坚持让自己拥有这种领导能力,我们会发现,自己的虚假权威正在慢慢消失。

或许这种过程很耗时,而且收效并不大,但为了能让自己的现实有所改变,我们还是应该尽早去做。

向神圣权威靠近，就会形成自己的生活方式

对于前面介绍的神圣权威和虚假权威，大家可以在亲子关系中实践一下。毕竟，这是最典型的上下级关系。

我想先说一下基于虚假权威和罪恶感的行动到底是什么样的。

在良好的亲子关系中，父母在对孩子发动严格权威之后，会跟孩子道歉（和蔼的权威）。这个时候，大多数孩子会想："道歉有什么用呢？"不过，孩子肯定无法离开父母。

一些被父母伤害过的孩子，即便被父母打骂，他们也不会离开父母，其原因就在于和蔼权威和严格权威的交替进行。无论被如何伤害，他们都会想着，下次父母可能就会对自己好一点，并会试图寻求一种温柔对待自己的方式，这是一种对自己的安慰。

然而到最后，无论是孩子本身，还是伤害他们的父母，都会感到疲惫，这对于成长并没有作用。

虚假权威只会创造痛苦。

就算我们会从父母那里不断接受一些消极的连锁反应，我们也要努力在自身消除这些消极因素。在自身消除那些只会创造痛

苦的消极连锁反应，这样的意志会帮助自己将自身的虚假权威变成神圣权威。

至于那些不会做过分的事，愿意温柔对待孩子的人，也要检讨一下，自己到底是不是和蔼的权威者。

我也希望，所有的人都能够有一种"不好的事情绝不能从我这里传播"的信念。

专栏：案例1 创伤来自儿时的摇篮

　　从这里开始，我会介绍一些咨询案例。

　　小C是个患有暴食症而无法去学校的孩子，她的妈妈为了解决她的问题，去找过学校的心理医生，试过很多方法，但基本没有什么效果。最终，她来找我咨询。

　　小C是个可爱的小女孩，可是她经常暴食之后呕吐，这一直困扰着她。

　　别人看到她，都觉得她很可怕，她也觉得自己是个吓人的孩子，因此她再也不去学校了，一直在家里吃，然后呕吐。

　　她的母亲在学习过角色心理学之后，了解了她与自己的关系性。此后小C也变得愿意活动，并且开始学习角色心理学的理论。此外，由于定期咨询，她也了解了自己的印象与判断，并逐渐地摆脱了这些。只不过，那个时候，她还没有完全抛开"自己很丑""人们都很可怕，自己不敢见人"的想法。

　　随着咨询的继续，我了解了那位母亲的成长过程，也了解了小C与母亲之间的关联。

原来，那位母亲有一个身体不太健全的哥哥，因而从她出生之后，父母就很少关心她，而是把大部分的注意力放在了她哥哥身上。

因此，她在很小的时候就学会了照顾自己的哥哥。在她的成长环境中，她一直在维持自己的家庭。因而，这位母亲很擅长照顾别人，这是典型的口腔型角色。

之后，她结了婚，并有了小C的哥哥和小C。

小C确实是一个可爱的孩子，这位母亲一直在很认真地照料着她。

通常，小C的母亲会让她睡在摇篮里。

但是，在咨询的过程中，我也能感受到，小C一直认为，无论是父母，还是哥哥，都在居高临下地看着自己，谁也不愿意接触自己。而且，虽然他们的照顾无微不至，但似乎细致过了头，导致自己感觉不到自由。

由于这种"家人都在笑着看自己，不与自己接触"的绝望感，让小C形成了"我是个可怕的孩子"的误解。

另外一件让小C感到不舒服的事情就是，因为自己很可爱，每次外出的时候，都会有人一直看着她。

正因如此，"我是个可怕的孩子，出门的时候大家都会看我"的误解进一步加深，其内心便无法接受真正的爱。这便是小C的心理创伤。

由此，小C便形成了"想要爱但得不到爱"的口腔型角色，并开始了大量吃垃圾食品然后呕吐的恶性循环。她甚至还有过自杀未遂的经历。

不过当她认识到这种心理创伤（即误解）之后，她开始冷静下来，后来也愿意去学校了，并顺利从学校毕业。现在，她已经工作，在职场也能正常度过每一天。

我家的猫也有过类似的经历，下面我就说说我家的猫——小圆的事情。小圆很好看，每个人见了它都会说它可爱，并抚摸它。但大家的注意力都集中在它身上，它会感觉很害怕，吓得都不敢动了。

一些事物，人们觉得很可爱，但对事物本身来说不一定是好事。

自身的美与优势如果能够自然表现出来的话，这种美和优势可以变成一种力量，自己也会有自信。可是，在感受到自己的本质之前，孩子是无法理解当前所发生的事情的，他们无法接受自己最美的部分，因而可能会形成心理创伤。

每个人在出生时都拥有自己的美，但是要利用这种特质，我们需要有一定的修养。只要我们能够良好运用我们的特质，无论是对自己，还是对他人，都是一种礼物。

专栏：案例2 "小心，危险！"这样的话会带来心理创伤

小D是一个无法去学校上学，有严重的厌食症、恐怖症和精神分裂症的孩子。小D的身体很瘦，她几乎什么也不吃。

她母亲带着小D来到了我这里。

我能感觉到，虽然她们母女俩一直站在一起，但小D一直在怀疑母亲是否爱自己。她母亲每次看到这种状况，都会抱着她，但似乎没有什么效果。

有一次，小D在走廊里又开始感到恐惧了，仅仅是因为她吃了一块巧克力。

吃了巧克力之后，小D觉得很恐惧，怕自己长胖，身体都在颤抖。我让她先感受自身，然后冷静下来。可连我也想不明白，她为什么会这样。

经过长时间的咨询和治疗，小D学会了角色心理学的一些理论知识，也学会了如何对待自己的印象、判断，以及情绪反应，并

逐渐冷静下来。但是，她始终没能摆脱"母亲不爱自己""胖了会变丑"的思维。

孩子的问题肯定与父母有关系。在了解了小D的母亲的成长历程后，我才看到解决问题的突破口。

小D的母亲是典型的分裂型。在她小的时候，她觉得家里很恐怖，其他的家人都爱大声说话，她的说话声音就显得很小。当自己遇到不好的事情时，父母也不怎么关注她。她经常不知道自己该怎么做，自己的方向是什么，总是一副畏首畏尾的样子，一有什么事就想着逃避。

长大后，小D的母亲有了小D，明白自己要抚养她，但也觉得一个孩子可能会闯一些不得了的大祸。

每当小D的母亲有这种预感时，她总会对着小D大喊"危险""住手""别这么做"。而小D面对这样的母亲，就会觉得"母亲一直在以一张恐怖的脸看着自己""母亲可能很讨厌我"。

为了得到母亲的爱，小D做了各种尝试，然而母亲担心出事，一直在阻止她，因而总会事与愿违。

母亲因为担心孩子发生危险，"危险""住手""别这么做"已经成了她的口头禅，并总是对孩子说。

到了青春期，小D为了得到母亲的爱，得出了这样一个结论：我只要变瘦，就会变得好看、变得特别，母亲就会喜欢我了。她这样想的理由我待会儿再告诉大家。

从那时起，小D就什么也不吃了。而且，即便是饿了，她也坚持不吃东西。这种状态，我也见过。她明明想吃东西，但心里却很害怕自己变胖。

之后，小D通过自己咨询和学习，逐渐了解了自己受到心理创伤的原因，学会了正确的处理方式，并在我的课上进行了尝试。

在她们参与的课程中，还有很多人和小D的母亲一样，不知道自己该怎么去关爱自己的孩子。这些母亲大多数都是体形比较胖的，于是我便请求她们，让认为"胖=丑"的小D去摸一摸她们肚子上的肉。

其实，小D的母亲是比较瘦的。这或许也是小D想要变瘦的原因。

也正因如此，小D之前并没有接触过一些身材丰满的人。而在接触到周围这些比较胖的阿姨之后，小D也怀疑：胖真的丑吗？每次见到小D的这种怀疑，这些母亲都会温柔地回答："一点也不丑，而且会显得你很温柔。"

　　为了治愈创伤，我们需要先理解自己的心，还要在自己的内心进行积极的努力，并主动担负责任，寻求主导自己的能力。此外，一些由与他人的关系形成的创伤，必须利用与人的关系来解决，周围的爱也是不可或缺的。

爱的言行也会产生心理创伤

有一次，我在东京地铁狭长的电扶梯上，遇见一对母女。女儿扎着小辫子，穿着幼儿园校服。母亲为了不让女儿发生意外，便在下行的电扶梯上站到了孩子前面。我和她们站在电扶梯的左侧，右侧有很多上班族从我们身边急奔而过。

那位母亲见此情景，笑着对女儿说："这样是很危险的，搞不好会摔个大跟头，然后滚下去。"并且说了好几次。那个小女孩躲在母亲背后，提心吊胆地窥探着这个不知道会延伸到哪里的电扶梯，同时也看到了那些匆匆赶路的上班族。

因为这个，小女孩产生了"这很危险，自己绝不能摔下去"的想法，反而会更加关注一些母亲认为的危险举动。

就像这样，父母的言行肯定是出于对孩子的爱，但如果他们不知道自己的所作所为会对孩子产生怎样的影响的话，会让孩子们产生一种世界很危险的印象。当我们不了解自身的处理方式的时候，我们对孩子的爱会在他们的无意识层次中形成一种恐惧的思维，并因此影响他们的人生。

如果父母们能注意到自己的创伤，并将其治愈，那么我们的孩子也就不会背负压力了。

作为成年人，如果我们能把自己的责任全部担起，我们便会为孩子创造一个能持续数十年的和平环境。而我们知道，这种事情是完全有可能实现的。

人出生后必然会有心理创伤

一个人不可能在没有心理创伤的条件下成长。

在我们的成长过程中，由于现实世界的限制，我们总会遇到一些自己的想法无法实现的问题，并因此拥有一些违背自身意志的体验。

以孩子的狭小视野和认识，是无法接受原本的自己的。因此，一些问题就会演变为心理创伤，并体现在外部。

现实世界的限制是无法改变的。比如，你想要桌子上的某个东西，从你下定决心到走到桌子旁边，需要一定的时间，这种限制是无法改变的。

成年人很容易理解这种概念，但是孩子是没有时间观念的。当他们感觉到饿，想喝牛奶的时候，如果没有得到，他们就会备受打击，同时会因为自己的需求没能立刻被满足，而感到自己被拒绝，或认为自己不行。

我们要知道，无论父母怎么努力，孩子本身原有的心理创伤必然会存在。

在了解了这一点，并学习了心理创伤是怎么形成的之后，父母才能治愈自己，改变自己的言行，进而帮助自己的孩子找回本质。

　　如果能够早点帮助孩子找回本质，孩子就会拥有更多的可能性，并充分发挥自己的本质。在今后的子女教育中，大家一定要注意这一点。

利用角色心理学治愈心理创伤，人生就会改变

人的本质是感情丰富、感受力强、充满爱、心胸宽广、身心协调、富有创造性，且充满快乐的。但是，我们出生之后所受的创伤，以及在此基础上形成的印象以及判断等，都在扼杀本来的自己。

只要了解了自身的强大和闪光点，我们也就不需要借助外力来拯救自己内心那个无助的孩子了。

我们不需要等待外在的救世主，也不需要向神明祈祷，我们要做的，就是找到自己的强大之处与闪光点。

重要的是，我们要感受到情绪的不对劲，并即时终止那些能够形成印象、引发判断的情绪反应，然后掌握超越情绪反应的方法。

在这所有选择返回内心的尝试中，就存在着高级自我。

所谓选择高级自我，就是找回本来的自我的行动。

此外，选择高级自我也是为了某种目的而让自己感受感情，是一种内心的勇气。无条件地接受爱并使爱更具创造性，也是高级自我的特质。

　　获得高级自我也意味着我们可以以一个成年人的意识回顾儿时所受的创伤和儿时没能做到的事，并接受那个本来的自己。

　　对于曾经无论如何也办不到的事，包括感受本来的自己、向他人求助等，我们要知道，自己当时只是无法接受，且没能找回自己的本质。只有这样，我们才能治愈自己。

　　获得了这样的意志、勇气与智慧，我们也就获得了高级自我。无论是意志、勇气还是智慧，想要正确使用，我们就需要爱。而为了爱，我们需要忍耐。

　　对于我们来说，我们很容易陷入低级自我和情绪反应，如果什么都不做，我们就会自动向这个方向发展。想要选择高级自我，我们不仅要思考怎样做才是选择高级自我的表现，还要努力尝试做一些我们想做却没做过的事情。

　　为了实现这一点，我们必须每时每刻感受"此时、此地"，这是一项非常难的工作，并不是只需要下定决心就能完成的。这种艰难的工作，是一种关爱自己的行为，也是一种创造幸福的尝试。

　　你的不幸是你的责任，你的幸福则是因你有责任感而产生的。当你真正理解这一点之后，你的人生或许就会变得更加顺利。

怎样才能不被低级自我束缚

　　低级自我和高级自我到底是什么？我通过我的经历来向大家说明一下。

　　有一次，我和丈夫去东京参加一个聚会。我们打算在东京待一天，然后第二天回家。不过我当天工作有点忙，就让丈夫帮忙处理一下家务。那时他准备洗衣服，他打开箱子，然后问我："没穿过的裤子不用洗吧？"我看着电脑屏幕，含糊地回了一句"嗯嗯"。

　　结果，那天晚上睡觉前，我便看到了洗衣机里我那件价值十万日元的连衣裙被洗得缩水，变得皱巴巴的。看到这一幕，我惊得说不出话来（这种感觉女性朋友们应该都懂）。

　　之后，我又反复看了好几次，实在接受不了这个现实。

　　然后我便开始心疼我那十万日元。显然，这件连衣裙已经无法恢复原貌了。不过这时，我开始仔细思考这件事，并立刻明白，这就是我的情绪反应，并且我产生了判断。

"平时你洗衣服都不看吊牌的吗？""这种高级服装，你摸一下也应该能知道吧！""从常识上来讲，这种衣服也不能用洗衣机来洗！"刚开始，我满脑子都是这种判断。但当我意识到这种判断之后，我便找到我的丈夫，并问他："这件连衣裙可值十万日元啊！你为什么用洗衣机洗？"听闻此言，他也很吃惊，一副颓然的神情。

看着他的状态，我也很焦躁，想说："你那些很贵的外套也用洗衣机洗吗？你不考虑我的感受吗？"但是，我突然又想到，他那些很贵的外套也是我给他买的。

虽然我打算安慰一下他，毕竟，他在百忙之中帮我做家务。而且，他也已经很沮丧了，我安慰一下也是人之常情。但在那个时候，我也心疼得不得了，最后也没去安慰他。

在这个故事中，感到心疼的我，因为丈夫把毛呢连衣裙用洗衣机洗而产生判断的我，想抱怨丈夫的我，想安慰丈夫的我，都是典型的低级自我。

低级自我通常会对他人进行判断，因此所有的选择都是与自身分离的。无论怎么选择，最终都会伤害对方和自己。也就是说，这会在自己与他人的关系中创造不必要的伤痛。

所谓低级自我，就是指一些偏离了本来的自我、良好的爱、优秀的思维的言语和行动。一旦选择了低级自我，任何人都不会达到一种理想的状态，低级自我会破坏自己和他人的人生与幸福。

怎样才能选择高级自我

这样的话，我们怎样才能选择高级自我呢？

在我知道我的连衣裙被洗衣机洗缩水，并将事实告诉丈夫之后，我所做的便是接受。我先有意识地感受了自己，然后去除了"他也是为了我好"的面具。

那一瞬间，我把注意力放在了当前的事件上，并思考该怎么做。我并没有考虑我和他之间的关系，而是想先保障自己。我从瘫倒在床上的丈夫的房间里出来之后，用心感受了一下自己的身体的倾向，并容许自己的身体实现这种倾向。然后，我也一下子瘫倒在了床上。

我躺在床上的时候，我养的小狗跑过来安慰我。然后我为了安慰自己，将小狗抱了起来。我和身边的其他事物待在一起。我感受周边的温度，并感受自己的身体。

之后，我感到我的肺部有点疼，进而感受到了隐藏在疼痛中的哀叹。随后，我的喉咙便发出了哀叹之声。我虽然对我为何哀叹感到好奇，但我也没有进行抑制。越哀叹，我就越能感到身体的疼痛。

随着这种情绪反应，我突然认识到，这与我儿时遇到的不愉快的经历很相似。然后，我又开始好奇儿时的那些经历与这件事有没有联系。

当时，我回想起上小学的时候，我很喜欢一个粉色的小熊玩偶。后来，玩偶变脏，粉色变成了灰色，就连鼻子都掉了，样子很难看，于是，我就将玩偶洗了一下。晾干之后，玩偶皱巴巴的，变得更难看了。

被洗过的小熊当时给了我不小的打击。

后来，那个小熊玩偶直接被我扔了。

当时我上小学一年级，还不能完全感受，而过了许久，现在的我已经完全可以体会这种感觉了。

这一次的事件让我回想起了小时候的事，并感受到了当时感受不到的哀叹，之后，崩溃大哭的感觉便消失了。

后来我想到，我必须把这种感受安全地表现出来。

但我并没有立刻去跟丈夫抱怨，因为他也处在情绪反应之中。

我看着房间里身体弯曲，如同死了一般沉睡的丈夫，把这件事以幽默的方式发到了网上。

"价值十万日元的连衣裙被洗衣机洗了，闯祸的人到现在都直不起腰来。"看到这条动态后，大家都积极地给我留言。基于此，我也有了一种"大家都能从我的经历中接受我所创造的一切"的愉悦感觉。

　　经历过这些事，我没有创造一种令我悲愤、充满破坏性的现实。我以一种幽默的方式，与我的爱人共享自己的感受。因此，我的丈夫也对我更加尊重，我们的感情也进一步得到巩固。